분석화학실험

신익수 · 강위경 · 장석규 · 안상두 지음

Experiments in Analytical Chemistry

자유아카데미

실험서를 준비하기까지 많은 동기부여와 도움이 돼 주었던 우리 숭실대/중앙대 학생들과 실험 정리에 많은 도움을 준 김미주 조교, 그리고 끝까지 믿고 출판을 진행해 준 자유아카데미 여러분께 큰 감사의 말씀드립니다. 출간 후에라도 수정사항이 있을 경우에는 자유아카데미 홈페이지(www.freeaca.com) 자료실에 제공할 예정입니다.

2016년 8월 대표저자 신익수

차례

실험 1 칼슘의 무게 정량

* 실험목적

미지 시료에 들어 있는 칼슘 이온을 염기성 용액 중에서 옥살산 이온(oxalate anion/oxalate/$C_2O_4^{2-}$)을 이용해 $CaC_2O_4 \cdot H_2O$(수산칼슘, 칼슘 수산염/calcium oxalate)로 침전시킨 후 무게를 측정함으로써 화학량론적으로 Ca^{2+} 이온의 무게를 분석한다.

$$Ca^{2+} + \text{oxalate}(C_2O_4^{2-}) + H_2O(\text{수용액 상태}) \rightarrow CaC_2O_4 \cdot H_2O(s)$$

실험이론

1 무게 분석

◆ 정의

시료에서 분석하고자 하는 물질만을 분리하고, 그 무게를 측정하여 정량하는 방법을 말한다. 시료를 용액으로 만들고 여기에 침전제를 가하여, 분석하고자 하는 성분을 선택적으로 불용성 침전으로 만들어 이 침전을 분리해, 일정한 형태의 화학식을 갖는 순수한 물질로 변화시켜 그 무게를 달아 시료 중에 포함된 분석 성분의 함량을 계산하는 방법이 흔하게 사용된다.

◆ 종류

① 가열 증발법: 분석물을 적당한 온도에서 휘발시킨 후, 휘발 생성물들을 포집하여 무게를 측정하거나 남은 생성물의 무게를 측정하여 분석물이 잃은 무게를 간접적으로 측정하는 방법이다.

② 전기 분해법: 금속 염류의 수용액에 전극을 넣어 적당한 조건에서 직류 전류를 통하고 전극에 석출하는 금속을 칭량함으로써 정량하는 방법이다.

③ 추출법: 시료를 적당한 용매와 함께 진탕하여 목적 성분을 용매 중에 추출, 용해시

켜 분리하고 용매를 증류하여 제거한 잔류물을 칭량하는 방법이다.

④ 침전법: 용해하기 어려운 분석물을 침전물로 만들어 불순물을 세척한 다음 열처리를 가해 조성을 아는 생성물로 만든 뒤 무게 변화를 측정하는 방법이다.

■ 침전 무게 분석의 주된 조작

시료의 용해 → 침전의 생성 → 침전의 여과 → 가열하여 침전형으로부터 칭량형으로 변환(침전형의 조성이 잘 알려져 있지 않거나 일정하지 않을 경우) → 무게 측정

■ 침전형과 칭량형

– 침전형(precipitation form): 침전제에 의해 생성된 침전물.

– 칭량형(weighing form): 침전물을 건조 또는 가열하여 만든 일정 조성의 화합물.

Ca^{2+}를 무게 분석법으로 정량하기 위하여 옥살산 암모늄 용액에 의하여 생성된 $CaC_2O_4 \cdot H_2O$는 침전형이고 이는 수분을 많이 함유하고 있어 화학 조성이 일정하지 않으므로 가열하여 안정형인 칭량형으로 변화시켜 무게를 측정한다.

◆ 무게 분석을 위한 조건

① 분석 물질이 완전히 침전되어야 한다. 즉 침전물이 충분히 낮은 용해도를 가져야 한다. (용해도에 의한 손실 무시 가능/르샤틀리에 원리(공통이온효과)에 의해 침전의 용해도를 감소시키기 위해 침전제를 과량 가함.)

② 침전물은 건조시키거나 가열하면 일정한 화학식을 갖는 화합물로 변해야 한다. (이 무게로부터 분석 성분의 함량을 계산할 수 있어야 함/용매를 제거하기 위해서 열을 가해도 안정해야 함.)

③ 침전물은 순수하고 거르기 쉬워야 한다. (불순물이 포함되지 않은 침전을 얻기는 매우 어려움/입자들은 적당히 커야 함.)

2 침전(precipitation)

◆ 정의

시약을 가하거나 가열, 냉각 등에 의하여 일어나는 화학 변화의 생성물이 용액 속에 나타나는 현상으로 용질이 포화에 도달하여 용액 속에 나오는 것을 말한다.

◆ 침전 생성 메커니즘

침전물은 과포화(supersaturation)와 핵심 생성, 입자 성장을 거쳐 생성된다.

analyzed species	precipitated form	interfering species
K^+	$KB(C_6H_5)_4$	NH^+, Ag^+, Hg^+, Ti^+, Rb^+, Cs^+
Mg^{2+}	$Mg(NH_4)PO_4$	Many metals except $Na^+$and K^+
NH_4^+	$NH_4B(C_6H_5)_4$	K^+, Rb^+, Cs^+
Cl^-	AgCl	Br^-, I^-, SCN^-, S^{2-} $\rightarrow$ $S_2O_3^{2-}$, CN^-
Br^-	AgBr	Cl^-, I^-, SCN^-, S^{2-} $\rightarrow$ $S_2O_3^{2-}$, CN^-
I^-	AgI	Cl^-, Br^-, SCN^-, S^{2-} $\rightarrow$ $S_2O_3^{2-}$, CN^-
SO_4^{2-}	$BaSO_4$	Na^+, K^+, Li^+, Ca^{2+}, Al^{3+}, Cr^{3+}, Fe^{3+}, Sr^{2+}, Pb^{2+}, NO_3^-

- 과포화(supersaturation): 용액상의 평형에서 존재하는 것보다 더 많은 용해된 염을 포함하는 것을 의미한다. 이 과정에서 만약 핵심 생성이 지배적이라면 침전물은 많은 작은 입자들로 구성되며 입자 성장이 지배적이라면 침전물은 작은 수의 큰 입자들로 구성하게 된다. 과포화도가 높은 용액에서 핵심 생성은 입자 성장보다 더 빠르게 진행된다.
- 침전핵 생성(Nucleation): 용액 중의 매우 작은 수의 원자, 이온 또는 분자들이 불규칙하게 모여서 작은 응집체(안정한 고체)를 형성하는 과정이다. 이 작은 응집체를 핵이라고 한다.
- 입자 성장(particle growth): 침전 핵 생성 이후 단계로 핵에 더 많은 분자들이 모여 결정을 형성하는 과정으로 어느 정도 핵이 생기면 용질은 핵을 생성하는 방법이 아닌, 기존의 핵 주변에 달라붙어서 핵의 크기를 불리는 방법으로 석출된다.

◆ 입자 성장을 촉진시키는 방법

① 분석 물질과 침전제의 농도가 낮아지도록 용액의 부피를 크게 한다(묽은 용액으로부터 침전을 시키면 Q를 작게 할 수 있음).

② 침전제를 분석 물질에 처음 가할 때, 국부적으로 생기는 높은 과포화 조건(국소 과잉)을 피하기 위하여 천천히 가하면서 저어준다(천천히 가하변 Q는 낮게 유지됨).

③ 용해도를 증가시키고 과포화도를 감소시키기 위하여 온도를 올린다(용해도 S가 커짐).

④ pH를 조절한다. 침전이 약산의 염인 경우 산성에서 더 잘 녹고 용해도가 크므로 낮은 pH에서 큰 S 값을 갖는다. 따라서 산성 용액에서 두 용액을 섞은 다음 천천히 염기를 가하여 pH를 높여 침전을 만든다(정량적 침전이 되도록 가능한 한 낮은 pH에서 침전시킨다).

실험 기구 및 시약

1 실험 기구

부피 플라스크(500 mL, 2개), 피펫(25 mL), 비커(3개), 시계 접시(3개), 전열기, 아스피레이터, 스포이트, 유리 막대(3개), 중간 다공성 소결 유리 깔때기

■ 아스피레이터(aspirator)

공기나 수증기를 빨아들이기 위한 장치이다. 간단한 공기 펌프 따위를 이용하여 기류를 생기게 하거나 공기를 희박하게 하여 빨아들인다. 수류 펌프, 흡입기 따위가 있다.

2 시약

0.1 M HCl, 메틸레드 indicator, 옥살산암모늄 [$(NH_4)_2C_2O_4$], 탄산칼슘 [$CaCO_3$], 요소

■ 옥살산암모늄

- 화학식: $(NH_4)_2C_2O_4$으로 옥살산 암모늄이라고도 한다.
- 침전시약으로 작용: Ca^{2+}은 옥살산암모늄(0.01 ~ 0.1 M)에 의하여 완전히 침전시킬 수 있다. 침전 $CaC_2O_4 \cdot H_2O$에 부착된 소량의 수분 및 옥살산 암모늄은 110℃에서 완전히 제거되지 않으므로 500℃에서 1시간 가열하여 $CaCO_3$로 칭량하거나 1100 ~ 1200℃로 가열하여 CaO로 칭량한다.

  (침전 시약: 알칼리 금속을 제외한 대부분의 금속 이온은 금속 수산화물로 침전이 생성되나 공존이온이 함께 침전되어 목적 성분만을 선택적으로 침전시키기가 어렵다. 또한 수산화물은 모두 콜로이드성 젤상의 침전이 생성되므로 오염이 되기 쉽고 거르기 어려워서 이 방법으로 분석할 수 있는 대상 시료는 몇 가지 정도이다.)

■ 메틸레드(메틸레드 in alcohol)

메틸레드는 메틸오렌지와 함께 아조 염료의 한 종류로 산 염기 지시약으로 쓰이는 대표적인 물질의 하나이다. 아조 염료는 분자 구조상에서 아조기(−N=N−)를 가지는 물질을 말하는데, 다음의 그림에서 메틸레드의 구조로서 메틸레드 역시 아조기(−N=N−)를 가지고 있음을 알 수 있다. 염기성 용액에서 메틸레드는 아조기의 형태

로 존재하며, 아조기에 의해 노란색을 띤다. 그러나 다음 그림에서처럼 산성 용액에서는 아조기에 수소가 달라붙으면서 분자의 구조가 바뀌게 되고, 이러한 구조에 의해 붉은색을 띠게 된다. 보통 변색 범위는 pH 4.4 이하의 산성에서는 붉은색, pH 6.2 이상의 염기성에서는 노란색을 띠고, 그 사이에서는 오렌지색을 띤다. 메틸레드는 자줏빛을 띠는 바늘 모양의 결정을 만들며, 녹는점 183℃이다. 물에는 용해되지 않으나 알코올·벤젠·아세톤에는 잘 녹고, Anthranilic acid를 다이아조화시킨 후, Dimethylaniline과 짝지음 반응을 진행시켜 얻는다.

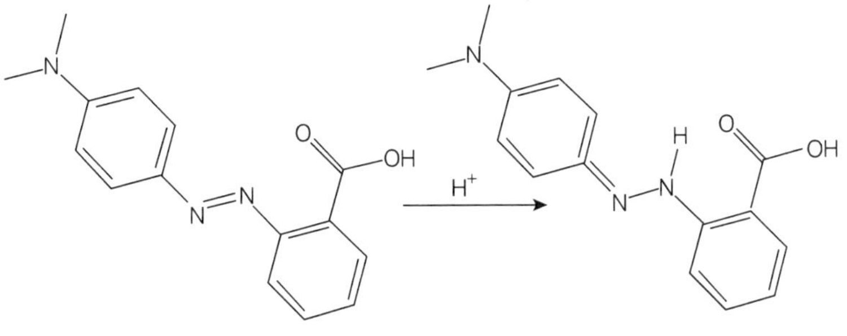

N N=N O OH H⁺ N H N N O OH

노란색 빨간색

■ 탄산 칼슘(Calcium carbonate) - 미지 시료

- 화학식은 $CaCO_3$이고 자연계에 존재하는 염 중에서 가장 많고 일반적으로 무색의 결정 또는 백색 고체로 가열하면 이산화 탄소를 발생하고 생석회를 얻는다. [$CaCO_3 \rightarrow CaO + CO_2\uparrow$]
- 순수한 물에는 용해되지 않으나, 이산화 탄소를 함유하는 물에는 용해하여 탄산수소 칼슘을 생성하며 녹는다. [$CaCO_3 + CO_2 + H_2O \leftrightarrow Ca(HCO_3)_2$]
- 탄산 칼슘에 산을 작용시키면 이산화 탄소가 발생한다. [$CaCO_3 + 2HCl \rightarrow CaCl_2 + H_2O + CO_2\uparrow$]

■ 요소(Urea)

- 화학식: $CO(NH_2)_2$
- 포유류나 양서류가 단백질을 섭취하였을 때, 몸속에서 단백질이 분해되면서 만들어지는 암모니아가 요소로 전환되어 소변과 함께 배출된다.
- 요소는 색과 냄새가 없고 기둥 모양의 결정을 만드는 물질이며, 분자량은 60.047, 녹는점은 132.7℃(1 atm)이고 비중은 1.335이다. 극성이 강한 물질이어서 물과 알코올에는 잘 녹지만 에터에는 녹지 않는다.

실험 방법

1 시약 준비

■ 옥살산 암모늄 수용액

Ammonium oxalate 10 g을 12 M HCl 12.5 mL를 포함하는 500 mL 수용액을 만든다.

■ (미지 시료) 탄산 칼슘 수용액

Calcium carbonate 3.7~4.5 g과 12 M HCl 19 mL가 포함된 500 mL 용액을 만든다.

■ 메틸레드 지시 용액

에탄올 30 mL + 메틸레드 0.01 g + 증류수 20 mL

2 실험 방법

① 소량의 미지 시료 용액으로 25 mL 피펫을 씻어내고, 그 용액은 버린다. 정확히 25 mL의 시료를 세 개의 비커 각각에 담고, 0.1 M HCl 75 mL로 각각 묽힌다.

※ 피펫을 씻어내는 이유: 결정핵을 유발할 수 있는 불순물을 제거

※ HCl을 넣는 이유: 산성 용액에서 Ca^{2+}와 $C_2O_4{}^{2-}$를 녹이기 위해서이다.

② 이 용액에 메틸레드 지시약 용액(붉은색) 5방울을 넣는다(이 지시약은 pH 4.8 이하에서는 붉은색이고, pH 6.0 이상에서는 노란색이다).

③ 유리 막대로 저어주면서 약 25 mL의 옥살산 암모늄 용액을 각 비커에 가하고, 약 15 g의 요소를 각 시료에 가한다. 그 후 시계 접시로 덮어서 지시약이 노란색으로 변할 때까지 약 30분간 끓인다.

※ 온도의 증가에 따라 요소가 가수분해를 하여 pH가 증가한다.

• **요소를 넣는 이유:** pH를 상승시키기 위해 용액에 암모니아수와 같은 염기성 용액을 직접 가하게 되면 국부적으로 pH가 높은 부분이 생겨 균일하게 침전시키는 것이 힘들어진다. 그러나 암모니아수 대신 요소를 미리 첨가해두었다가 후에 가열해주면 요소가 열에 의해 가수분해 반응을 일으킴으로써 용액의 pH가 서서히 균일하게 상승하여 침전 또한 서서히 형성하게 된다. 침전이 생기는 데 시간이 걸리는 단점이 있지만, 불순물을 함유하는 일이 적고 밀도가 큰 침전을 생성하여 여과세정이 쉽다는 이점이 있다.

$$H_2N-C(=O)-NH_2 + 3H_2O \longrightarrow CO_2 + 2NH_4^+ + 2OH^-$$

④ 거름종이의 무게를 측정하고, 감압 장치를 사용하여 뜨거운 용액을 거른다. 증류수 3 mL를 각 비커에 가한다. 소량의 증류수로 이 과정을 반복하여 침전물을 전부 옮긴다. 끝으로 증류수 10 mL로 비커를 두 번 헹구어 침전물 위에 붓는다.

⑤ 침전물을 아스피레이터에서 몇 분간 두고, 그 후에 105℃의 오븐에서 1~2시간 동안 말린다. 각 깔때기를 일정 무게가 되도록 한다(무게를 달기 전에 15분 동안 냉각시킨다).

⑥ 각각의 무게를 잰다. 미지 시료 용액의 Ca^{2+} 몰농도를 계산하거나, 혹은 고체 시료에 든 칼슘의 무게 퍼센트를 구한다.

> **Suction**
> Suction의 원리는 감압 플라스크에 감압 장치를 연결해 플라스크 내부를 감압시키고, 플라스크에 연결된 여과기의 여과물을 여과시키는 것이다. 뷰흐너 깔때기와 감압 플라스크 및 아스피레이터를 같이 사용하여 모액 속의 미세한 침전물을 걸러 내기 위한 방법으로 다량의 결정이나 침전을 단시간 내에 분리시킬 수 있어서 화학 실험에서 자주 쓰인다.

3 오차를 줄이기 위한 방법

옥살산 칼슘 침전은 25℃의 물 1 L에 7.2 mg 정도 용해한다. 그러나 옥살산 이온이 여분으로 있으면 용해도는 다소 감소한다. 그리고 산성이 세면 용해도는 계속 증가한다. 그러나 pH 4 정도에서는 정량적으로 침전한다. 차가운 용액에서 만든 옥살산 칼슘 침전은 입자가 대단히 작기 때문에 시료 용액을 가열하여 높은 온도에서 침전제를 가해야 한다. 한편 뜨거운 산성 시료 용액에 침전제를 가하고 다음에 암모니아수를 서서히 가하는 방법도 있다. 이때 침전에 옥살산이 다소 공침되나 이것은 침전을 가열할 때 제거된다.

알칼리 금속과 마그네슘 이외의 금속 이온은 지장을 주기 때문에 미리 제거해야 한다. 소량의 바륨은 있어도 재침전을 시키면 바륨은 제거된다. 황산 이온도 공침이 잘 된다. 이것은 침전을 가열하여 탄산 칼슘으로 무게를 다는 경우에는 정의 오차를 가져온다. 옥살산 칼슘 침전은 말리고 가열하여 $CaC_2O_4 \cdot H_2O$, $CaCO_3$, CaO, $CaSO_4$ 또는 CaF_2과 같은 형태로 바꿔서 그 무게를 달 수 있다.

결과 처리

미지 시료 25 mL + 0.1 M HCl 75 mL + 지시약 5방울

미지 시료와 0.1 M HCl을 섞은 경우는 투명한 색이지만 지시약을 가했을 때 분홍빛을 나타내는 것을 보면 현재의 상태가 산성이라는 것을 알 수 있다.

(메틸레드의 변색 범위에 의해서)

요소 15 g 첨가

요소를 용액에 가한 후 녹인다. 처음에 분홍색 불투명한 용액이 요소를 녹이면서 하얀 침전이 생성된다.

(Tip. 잘 녹지 않으므로 유리 막대를 이용하여 녹여준다.)

가열

가열을 하게 되면 분홍빛이었던 용액이 요소의 열분해에 의해 점차적으로 염기성으로 변하기 때문에 노란빛의 용액으로 변한다.

요소가 열분해되면서 OH^-가 형성되어 pH를 점차적으로 높이기 때문이다.

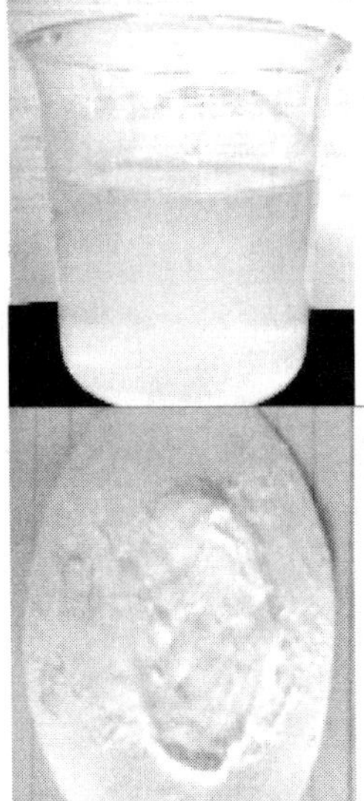

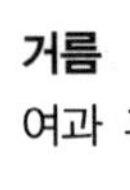

얼음물 첨가

얼음물을 넣어주면 온도가 낮아지기 때문에 용해도 또한 낮아진다. 이러한 원리로 용액 내에 있는 $CaC_2O_4.H_2O$ 물질 중 침전되지 않은 것을 침전시킬 수 있다.

거름

여과 후 건조시킨 침전물의 모습이다.

◆ 결과 처리표

	Ⓐ 총 무게 (거름종이 + 생성물)	Ⓑ 거름종이 무게	Ⓒ 시료 무게 Ⓐ − Ⓑ = Ⓒ	Ⓓ무게 퍼센트(Ⓒ/Ⓔ)*100
실험 1	0.968	0.365	0.603	27.36 %
실험 2	0.884	0.368	0.516	27.33 %
실험 3	0.983	0.376	0.607	27.51 %
평균	0.945	0.370	0.575	27.40 %

◆ Ca의 무게 분석표

	Ⓔ Ca 질량(g)	Ⓕ 평균값 $(\overline{X})$	Ⓖ 표준 편차 (S)	Ⓗ 상대 표준 편차 $(\overline{S}/X)$
실험 1	0.165	0.158	0.0139	0.0880
실험 2	0.142			
실험 3	0.167			

Ⓔ 값 구하기

$$\text{실험 1의 } Ca^{2+} = 0.603\,g\ CaC_2O_4 \cdot H_2O \times \frac{40.078\,g/mol\,Ca^{2+}}{146.106\,g/mol\ CaC_2O_4 \cdot H_2O} = 0.165\,g$$

$$\text{실험 2의 } Ca^{2+} = 0.516\,g\ CaC_2O_4 \cdot H_2O \times \frac{40.078\,g/mol\,Ca^{2+}}{146.106\,g/mol\ CaC_2O_4 \cdot H_2O} = 0.142\,g$$

$$\text{실험 3의 } Ca^{2+} = 0.607\,g\ CaC_2O_4 \cdot H_2O \times \frac{40.078\,g/mol\,Ca^{2+}}{146.106\,g/mol\ CaC_2O_4 \cdot H_2O} = 0.142\,g$$

Ⓕ 값 구하기

$$\text{평균} = \frac{0.165 + 0.142 + 0.167}{3} = 0.158$$

Ⓖ 값 구하기

$$\text{표준 편차} = \sqrt{\frac{(0.158 - 0.165)^2 + (0.158 - 0.142)^2 + (0.158 - 0.167)^2}{2}} = 0.0139$$

Ⓗ 값 구하기

$$\text{상대 표준 편차} = \frac{0.0139}{0.158} = 0.0880$$

수득률 표

	①실험 수득량(g)	Ⓙ 이론값(g)	Ⓚ 수득률 (①/Ⓙ) * 100
실험 1	0.165	0.169	97.63%
실험 2	0.142		84.02%
실험 3	0.167		98.82%
평균	0.158		93.49%

Ⓙ 값 구하기

- 처음 용액을 만들 때 사용된 $CaCO_3$의 질량 in 1 L: 16.89 g
- 미지 시료 용액의 사용량: 25 mL
- 1000 mL : 16.89 g = 25 mL : x g

∴ x= 0.422 g ← $CaCO_3$의 함유량 in 미지 시료 용액 25 mL

Ca^{2+}의 양 in 미지 시료 용액 25 mL

$$= \frac{0.422\,g\ CaCO_3}{100.09\,g/mol\ CaCO_3} \times \frac{1\,mol\ Ca^{2+}}{1\,mol\ CaCO_3} \times 40.08\,g/mol\ Ca^{2+} = 0.169\,g\,Ca^{2+}$$

Ⓚ 값 구하기

$$수득률 = \frac{실제\ 수득량}{이론적\ 수득량} \times 100$$

$$실험\ 1의\ 수득률 = \frac{0.165}{0.169} \times 100 = 97.6\%$$

$$실험\ 2의\ 수득률 = \frac{0.142}{0.169} \times 100 = 84.02\%$$

$$실험\ 3의\ 수득률 = \frac{0.167}{0.169} \times 100 = 98.82\%$$

실험 2 담배에서 니코틴 추출

* 실험목적

여러 종류의 담배 가루 속에 포함된 니코틴을 추출하여, 그 함량을 계산하고 비교해 본다.

실험이론

1 니코틴

- 니코틴은 타르, 일산화 탄소와 함께 흡연 시 발생하는 주요 유독물질이다.
  (니코틴 자체가 유독한 발암 물질은 아니지만 중독성을 일으킨다.)
- 담배 한 개비에는 10 mg 정도의 니코틴이 들어 있다.
  (이 중 흡수되는 니코틴 양은 1 mg 정도이나, 흡연 양상에 따라 3 mg을 넘을 수도 있다.)

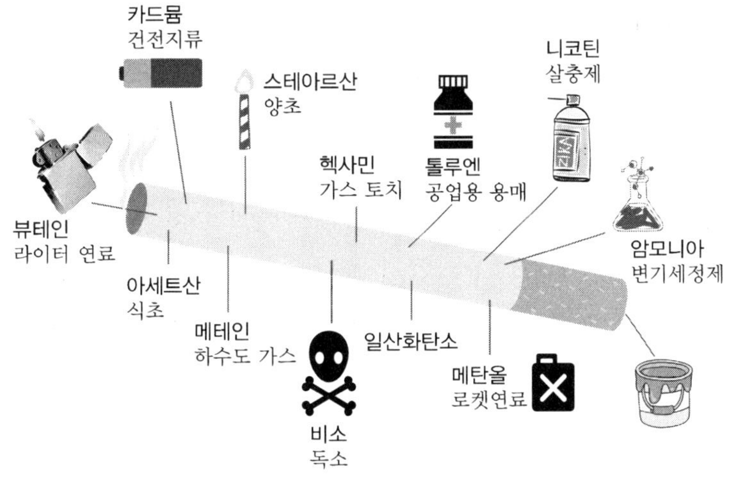

- 사람에게 있어 니코틴의 치사량은 체중 1 kg당 1 mg 정도이다.
- 담배 연기가 체내에 들어오게 되면 니코틴은 폐 속 깊이 들어와서 혈액 속으로 흡수되어 심장과 뇌로 전달하게 된다.
- 니코틴은 신체의 많은 부분(심장, 혈관, 호르몬 체계, 신진대사, 뇌 등)에 영향을 미친다.
- 니코틴은 쾌감을 만들고 뇌세포 간의 정보 전달을 방해함으로써 진정제 역할을 한다.

2 혼합물 분리 및 정제법

① 거름(여과): 깔때기와 거름종이를 이용하여 액체 속의 고체 물질을 분리하는 방법
② 분별 깔때기법: 섞이지 않는 두 액체의 혼합물을 분리하는 방법
③ 추출: 혼합물 속의 어느 한 물질만을 녹이는 용매를 써서 분리하는 방법
④ 승화법: 승화성 고체를 가열, 승화시켜서 비승화성 고체로부터 분리하는 방법
⑤ 증발: 용액을 가열하여 나오는 기체를 냉각시켜 순수한 액체를 얻는 방법
⑥ 분별 증류: 액체 혼합물의 끓는점 차이를 이용하여 끓는점에 따라 증류되어 나오는 물질을 차례로 분리하는 방법
⑦ 재결정(분별 결정): 온도에 따른 용해도 차이가 많이 나는 물질과 그렇지 않은 물질의 혼합물을 높은 온도에서 녹여 여과한 후, 냉각시켜 석출함으로써 분리하는 방법
⑧ 액화법: 기체 혼합물을 액화시켜 분별 증류하거나 밀도의 차를 이용하여 분리하는 방법
⑨ 투석: 입자 크기가 큰 콜로이드가 반투막을 통과하지 못하는 것을 이용한 콜로이드의 정제법
⑩ 흡수법: 선택적으로 기체를 흡수하는 시약에 혼합 기체를 통과시키는 방법
⑪ 흡착: 기체나 액체 중의 색소나 냄새를 흡착력이 강한 물질로 흡수하여 제거하는 방법
⑫ 이온 교환 수지: 수지를 이용하여 물 속에 있는 미량의 이온을 제거하는 방법
⑬ 크로마토그래피: 크로마토그래피는 물리적 성질이 비슷하여 분리하기 어려운 물질의 분리에 쓰이는 혼합물 분리법 중 하나이다. 혼합물의 물리적 성질이 비슷하여 분리가 힘들 경우에는 컬럼 크로마토그래피로 혼합물을 분리한다. 색소나 아미노산, 금속 이온 등 미량의 물질들의 혼합물을 용매에 대한 용해성과 흡착력 차이를 이용하여 분리하는 방법이다.

3 추출

추출은 액체의 용매를 사용해서 고체 또는 액체 혼합물 속에서 어떤 특정한 물질을 용해·분리하거나, 산 또는 염기 용매를 사용하여 혼합물 속에서 특정 물질만을 녹이는 조작으로, 공업적으로 중요한 분리·정제 수단이다. 페놀·나이트로벤젠·프로페인과 같은 용매 추출에 의한 윤활유의 정제, 적당한 유기 용매를 사용한 콩으로부터의 콩기름의 추출 등이 그 예이다.

- 고체에서 추출하는 경우 → 고-액 추출(침출): 속슬렉(Soxhlet) 추출기 이용
- 액체에서 추출하는 경우 → 액-액 추출: 분별 깔때기 등을 이용

본 실험의 경우 혼합물이 니코틴을 포함한 용액이므로, 액-액 추출을 사용할 것이다.

추출은 혼합물 속에서 산·알칼리에 의한 반응 또는 킬레이트 생성과 같은 화학 반응에 의해서 이루어지거나 용매만을 이용하는 경우가 있다. 추출에서는 용매와 분리할 물질의 특성이 매우 중요하며, 이에 따라 적절한 용매와 추출법을 사용해야 한다. 주로 사용되는 용매로는 알코올·에터·석유에터·벤젠·아세트산 에틸·클로로폼 등이 있다.

■ 적합한 용매의 조건

① 용액의 용매와 섞이지 않는다.
② 분리하고자 하는 성분만을 잘 녹여야 하고, 그 이외의 물질을 녹이지 않는다.
③ 용질과 화학 반응을 하지 않는다.
④ 추출 후 용매와 용질을 쉽게 분리할 수 있어야 한다.
⑤ 용매의 인화성과 독성을 고려한다.

액-액 추출에서는 분별 깔때기를 이용하는데, 이 방법은 다음과 같다. 우선 액체 혼합물과 사용할 용매를 분별 깔때기에 넣는다. 적합한 용매를 사용했다면, 이 둘은 섞이지 않고 2개의 액체 층을 형성할 것이다. 이 상태에서 분별 깔때기를 흔들면, 혼합물 내에 있던 니코틴은 용매에 용해되어서 추출되고, 나머지 불순물들은 그대로 액체 층을 유지할 것이다. 이후 아래 액체 층을 분리한 후, 용매에서 물질을 분리한다.

4 분배 계수(분포 coefficient 또는 partition coefficient , K)

서로 섞이지 않는 두 액체 A와 B가 두 액체 층을 이루고 있을 때, 두 액체에 다 녹을 수 있는 어떤 용질 M을 넣어 주면 이 용질은 두 액체 층에 분배되어 평형을 이루게

된다.

$$K = \frac{A\text{ 안에서 }S\text{의 농도}}{B\text{ 안에서 }S\text{의 농도}}$$

이와 같이 정의되는 평형 상수 K를 분배 계수(분포 계수)라고 하는데, 주어진 온도에서는 용질의 양에 관계없이 일정한 값을 나타낸다.

(두 액체 층에 용해되어 있는 용질의 농도비는 일정하다는 것을 알 수 있게 된다.)

이상적으로 용질의 분배 계수가 순수한 A와 순수한 B에서의 용질의 개별적인 용해도의 비와 같게 된다. 어떤 두 액체가 전혀 섞이지 않을 수는 없으므로 실제로 이는 근삿값이 된다. 두 용매 서로 서로가 녹는 양은 용매 특징에 따라 변하고, 따라서 K값에 영향을 주게 된다.

용질이 두 섞이지 않는 액체의 한 쪽에 전혀 녹지 않을 경우 용질 값이 0이나 무한대가 되는 것은 명백하다. 실제로는 이러한 극한의 값은 얻을 수 없다. K값이 1.0보다 크고 A의 양이 B의 양보다 크다면, 용질은 용매 A에 더 많이 존재하게 된다. 용질이 용매 B에 존재하는 양은 K값에 의존하게 된다.

분배 계수 간의 차가 매우 크다면 한 번의 추출로 분리에 큰 효과를 가져올 수 있을 것이다. 그러나 분배 계수의 차가 작거나 두 물질 이상이 포함되어 있다면 분리를 잘 하기 위해 연속적으로 추출을 하는 것이 필요할 것이다.

5 니코틴 추출의 원리

- 니코틴은 두 헤테로 고리(pyridine, pyrrolidine)로 되어 있으며, 두 질소 모두 3차 아민으로 양성자를 받아 염을 형성할 수 있다.
- pyrrolidine 고리의 pK_a는 약 8(pyridine의 pK_a는 3)이므로 pH 7에서 약 90% 정도 양성자화되어 있을 것으로 생각되며 이 점이 니코틴이 물에 녹을 수 있는 이유이기도 하다.
- 따라서 담뱃잎을 강한 염기(NaOH)를 써서 유기 용매에 녹을 수 있는 free amine(H^+가 붙지 않는)으로 바꾼 후 에터로 추출하면 니코틴을 분리해 낼 수 있다.
- 유기 용매(에터)를 날려 없애면 소량의 정제하기 까다로운 oil상의 니코틴이 남는다. 따라서 이것을 picric acid와 반응시켜 염으로 만든 다음 재결정하여 정제한 후 m.p.(녹는점, melting point)를 측정하여 순도를 결정할 수 있다.
- 담배의 또 다른 성분인 셀룰로스, tannic acid가 존재하는데, 이것은 염기성 용액에서 염을 형성하기 때문에 에터에 추출되지 않는다.

• 그 외에 잎의 엽록소가 산화된 물질이 조금 포함되어 있다. 이 물질은 담배의 갈색 색소이다.

실험 기구 및 시약

1 실험 기구

비커(50 mL, 250 mL, 500 mL), 100 mL 눈금 실린더, 감압 플라스크, 뷰흐너 깔때기, 둥근 바닥 플라스크, 분별 깔때기, 삼각 깔때기, 유리 막대, 피펫, 스포이트, 회전 증발기

■ 회전 증발기(Rotary Evaporator)

농축하고자 하는 용액을 농축용 둥근 바닥 플라스크에 넣고 가열하면서 진공펌프로 공기를 빼내어서 압력을 낮춘다. 용액의 압력이 낮아지면 끓는점 역시 낮아지기 때문에 낮은 온도로 빨리 농축할 수 있다. 이때 용매들은 대부분 환경에 유해한 유기 용매들을 사용하기 때문에 냉각기를 이용하여 증발했던 기체 상태의 용매를 액체 상태로 냉각시켜 용매 수거용 초자에 수거한다.

농축용 둥근 바닥 플라스크를 회전하는 이유는 수조의 열을 골고루 전달하는 효과와 회전함으로써 증발을 좀 더 쉽게 일으킬 수 있도록 표면적을 넓게 해주기 위해서이다. 공기를 빨아들여 진공상태를 만들기 위한 장치는 아스피레이터라고 하는데 압력이 낮아진 상태에서는 용매의 끓는점이 낮아지게 되어 끓는점이 70℃인 용매도 아스피레이터를 사용하게 되면 40℃ 정도 가열해도 증발하게 되는 것을 관찰할 수 있다.

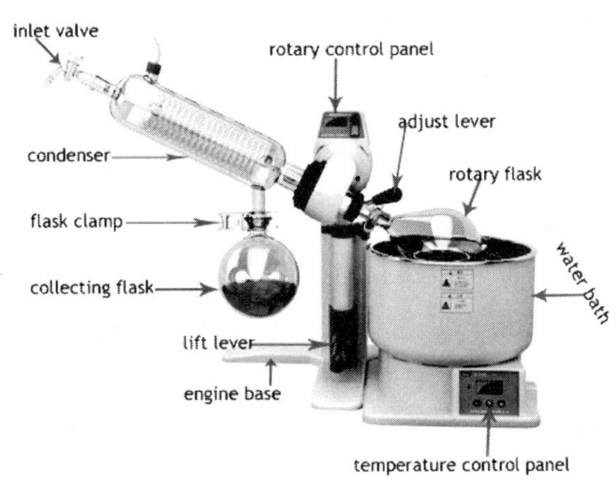

2 실험 시약

5%−NaOH, diethyl ether, Methanol, 증류수, picric acid, 담배 10개비(2종류)

■ Picric acid

Picric acid라는 이름은 '쓰다'라는 듯의 그리스어 pikros에서 유래하였다.

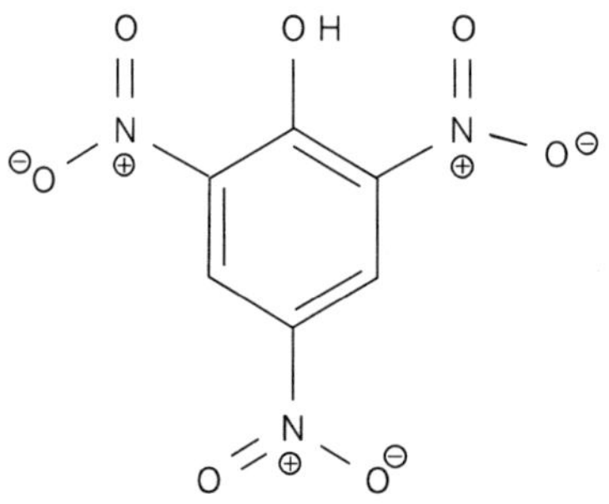

화학식 $C_6H_3N_3O_7$, 맛이 상당히 쓰고 노란색 결정이며 분자량 229.11 g/mol이다. 뜨거운 물, 에탄올에는 상당히 녹고, 또 아세톤에도 잘 녹으나, 석유에는 거의 녹지 않는다. 수용액은 강한 산성을 보인다. 서서히 가열하면 승화하지만, 갑자기 가열하거나 충격을 주면 폭발한다. 페놀의 나이트로화 또는 2,4−다이나이트로클로로벤젠을 가수분해하면 새기는 2,4−다이나이트로 페놀의 나이트로화에 의해 합성된다. TNT와 함께 폭약으로서도 사용되며, 또 의약품으로서의 용도도 있다.

실험 방법

① 담배 10개비에서 얻어낸 담배 가루를 500 mL 비커에 넣는다.

② 250 mL 부피 플라스크에 5% NaOH 수용액을 만들고 5% NaOH 수용액 100 mL를 담뱃가루가 있는 500 mL 비커에 넣고 유리 막대로 잘 섞어준다.

③ ②번 용액을 250 mL 비커에 거즈를 이용해 염기 용액이 잘 빠져 나가도록 짜준다. 짜여진 담배 가루는 폐기한다.

④ 담배 가루를 거른 용액과 ether(ESSE 담배: 100 mL/THIS 담배: 200 mL)를 분별 깔때기에 넣어 잘 흔들어준다(중간 중간 분별 깔때기의 콕을 열어 압력을 제거한다).

⑤ 염기 용액(하층부)을 비커에 받아서 다시 분별 깔때기에 넣고 한 번 더 ether(THIS

담배만 100 mL)로 추출하여 모은다. 분리된 에터 용액(상층부)은 둥근 바닥 플라스크에 받아낸다(Ether는 물보다 비중이 낮으므로 분별 깔때기의 상층부에 존재한다).

⑥ 에터 용액을 조교가 evaporator를 이용하여 날린다. 에터의 끓는점은 34.48℃로 낮으므로 손쉽게 제거할 수 있다.

⑦ 소량의 oil과 고체가 남게 되면 4 mL의 메탄올과 1 mL의 물을 첨가하여 잘 섞은 후 깔때기에 여과지를 깔고 비커에 여과한다(증류수보다 메탄올을 먼저 투입해야 소량의 oil과 고체를 잘 녹일 수 있다).

⑧ 깔때기와 여과지를 5 mL 메탄올로 씻고 씻은 액을 합해준다(메탄올을 사용해 잔여물을 세척한다).

⑨ 50 mL 비커에 메탄올 용액 20 mL와 picric acid(한 스푼)을 넣어 포화 메탄올 용액을 만든다. 이 용액 10 mL를 여과액에 가하면 즉시 노란색의 nicotine dipicrate가 침전된다(picric acid는 수분이 없을 경우 폭발의 위험성이 있으므로 사용 후에 꼭 마개를 닫는다).

⑩ 거름종이의 무게를 재고 여과지와 깔때기를 이용하여 침전물을 걸러내고 공기건조시킨 후, 건조된 고체의 무게를 재어서 니코틴의 함량을 계산한다.

■ **주의사항**

- 에터는 발화성이 높은 물질이므로 화기에 주의한다.
- 담배 잎을 비닐장갑으로 힘주었을 때, 염기 용액이 잘 빠져나가도록 짜준다.
- 물층액이 생긴 에멀션을 에터와 함께 받아내지 않도록 주의한다.
- 분별 깔때기를 사용할 때엔 흔들어 줄 때마다 자주 콕을 열어주어 분별 깔때기 내부 압력의 증가로 인해 갑자기 시약이 흐르는 것을 막는다.

결과 처리

(침전 + 거름종이) − 거름종이 = nicotine dipicrate의 질량

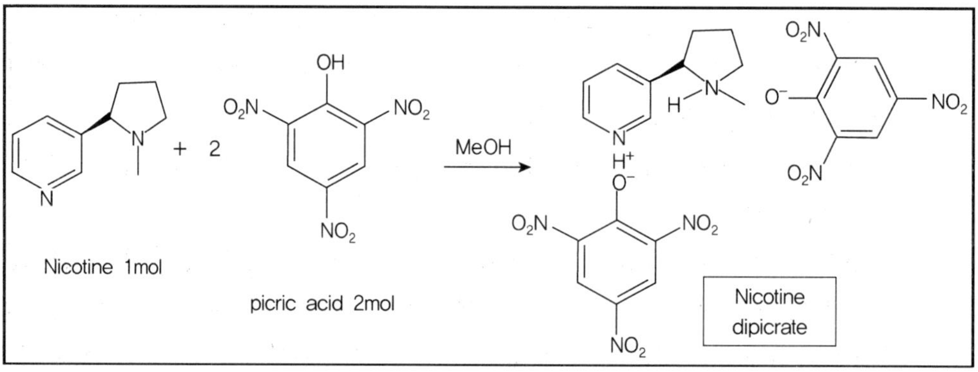

Nicotine 1mol + 2 picric acid 2mol $\xrightarrow{\text{MeOH}}$ Nicotine dipicrate

OH, O_2N, NO_2, NO_2

H^+, O^-, O_2N, NO_2, NO_2, H, N

실험 3 분광 분석법을 이용한 비타민 알약 속의 철 함유량 검사

* 실험목적

철 표준 용액의 흡광도를 측정하여 (농도-흡광도) 관계를 파악하고 교정 곡선을 그린다.
Beer의 법칙과 (철 표준 용액의 농도-흡광도 식)을 이용하여, 비타민 Tablets 중 철의 함량을 정량한다.

실험이론

1 분광 분석기의 구조 및 기능

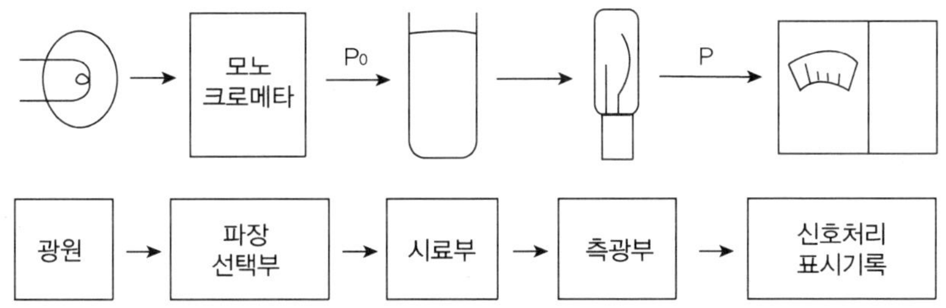

분광 광도계의 기본적인 구성

① 광원부: 텅스텐 램프, 할로젠 램프, 중수소방전관, 저압수은램프, 제논 램프, 레이저 램프 등이 사용된다. 일반적으로 자외부의 분석에는 중수소방전관, 가시부에는 할로젠 램프가 사용된다.

② 파장 선택부

- 단색 장치(monochromator): 광원으로부터 나오는 연속광으로부터 특정한 파장의 광을 뽑아내는 장치이다. 파장 선택부를 사용한 것을 분광 광도계라고 한다.
- 광학 필터: 색유리 필터, 젤라틴 필터 등이 있다. 파장 선택부에 광학 필터를 사용한 것을 광전 광도계라고 한다.

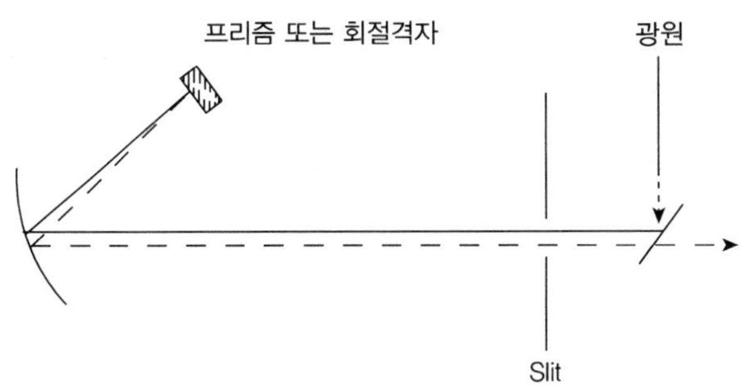

③ 시료부: 시료는 그림과 같은 유리 셀에 넣어 홀더에 세팅한다. 보통, 그림 (a)의 각형셀이 사용되지만, 휘발성 시료에는 마개 달린 셀을 사용한다. 그 밖에도 측정 시료나 측정 방법에 대응하여 그림 (b)의 마이크로셀 등을 사용하기도 한다.

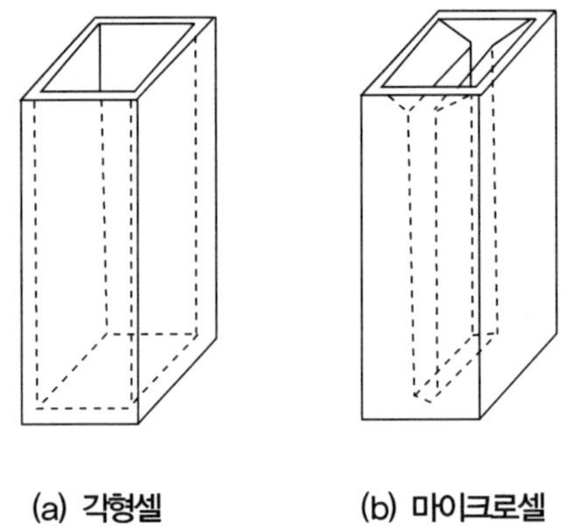

(a) 각형셀 (b) 마이크로셀

④ 측광부

- 광검출기: 투과된 빛은 금속 표면에서 광전 효과에 의해 광전자를 발생한다. 이 전자를 포획하여 투과된 빛을 검지하는 것이 광전관이다. 이 광전자는 아주 적기 때문에 수백만 배로 증폭하여야 한다. 그러므로 투과된 빛을 검지·증폭하는 것이 광전자 증배관이다. 광전자 증배관 외에는 포토다이오드나 광전도셀이 사용된다.
- 신호처리·표시기록: 검출기로부터 출력신호가 필요한 부분만을 선택하여, 표시하여 기록한다. 표시와 기록 방법은 아날로그 방식 또는 디지털 방식이다. 메타, 표시계, 브라운관(CRT) 등을 표시하고, 기록계, plotter 등으로 기록한다.

2 Beer 법칙

① Transmittance(T, 투광도): 시료를 통과한 빛의 분율.

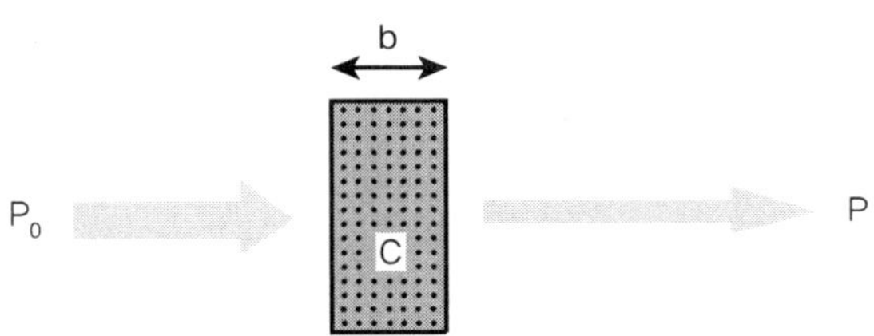

$$\text{Transmittance}: \ T = \frac{P}{P_0}$$

P_0 = 바탕 용액이 들어 있는 기준 용기를 통과한 복사선 세기

P = 시료 용기를 통과한 광의 세기

T는 0에서 1의 범위를 가지며, %투과도는 단순히 100 T로, 0 ~ 100% 사이의 값을 가진다.

② 흡광도(A, absorbance)

$$A = \log\frac{P_0}{P} = -\log\frac{P}{P_0} = -\log T$$

전혀 빛이 흡수되지 않았을 때 $P = P_0$이며, 이때의 흡광도 A = 0이다.

③ Beer 법칙

시료의 흡광도는 시료 내에 빛을 흡수하는 분자의 농도에 비례하고, 빛이 통과하는 시료의 길이에 비례한다. 이런 흡광도의 농도와 시료의 길이에 대한 의존성을 나타낸 식이 Beer 법칙이다.

■ 혼합물에 Beer 법칙의 적용

$A = ebc$ $\epsilon =$ 몰흡광 계수 $L \cdot mol^{-1} \cdot cm^{-1}$

$b =$ 큐벳의 길이

$c =$ 몰농도($mol \cdot L^{-1}$)

Beer 법칙은 또한 한 가지 종류 이상의 물질들을 포함하는 매질에도 적용된다. 여러 가지 화학종들 사이에서 상호작용이 일어나지 않는다면, 다중성분계에 대한 전체 흡광도는 다음 식으로 나타낼 수 있다.

$$A_{전체} = A_1 + A_2 + \cdots + A_n = \epsilon_1 bc + \epsilon_2 bc + \cdots + \epsilon_n bc$$

(여기서 아래첨자는 흡수성분 1,2,⋯,n을 의미)

■ Beer 법칙의 적용 한계

흡광도가 통로 길이에 직선적으로 비례한다는 데는 예외가 거의 없다. 한편, b가 일정할 때, 측정된 흡광도와 농도 사이의 정비례 관계에 편차가 자주 생긴다. 이 편차들 중 실제편차라고 하는 어떤 것들은 이 법칙의 근본적이고 실질적인 한계를 나타낸다. 다른 편차는 흡광도를 측정하는 방법(기기편차)으로 인해 또는 농도 변화를 일으키는 화학 변화(화학편차)로 인해 생기기도 한다.

■ Beer 법칙에 대한 실질적인 한계

Beer 법칙은 분석물의 농도가 비교적 낮은 매질의 흡수 행동을 성공적으로 설명할 수 있다. 높은 농도(보통 〉 0.01 M)에서는 흡수하는 분자 사이의 평균 거리가 각 분자가 이웃 분자의 전하 분포에 영향을 줄 수 있을 정도로 가까워진다. 실제로 이런 상호작용이 일어나면 분자가 주어진 파장의 복사선을 흡수하는 능력을 변화시킬 수 있다. 상호작용하는 정도가 농도에 의존하기 때문에 이런 현상이 일어나면 흡광도와 농도 사이의 선형관계에서 편차가 생기게 된다. 이와 비슷한 효과가 가끔은 낮은 농도의 흡수 화학종과 큰 농도의 다른 화학종, 특히 전해질을 포함하는 매질에서도 일어난다. 흡수 화학종에 이온들이 매우 가까이 접근하여 정전기적 상호작용을 일으켜 흡수 화학종의 몰흡광 계수를 변화시킨다. 이런 효과는 농도를 묽힘으로써 줄일 수 있다.

■ 화학편차

온도나 광효과, 0.01 M보다 농도가 진한 경우에 분자들 간의 상호작용에 의해 전기적 성질들이 변화하는 경향을 가져가 농도-흡광도 곡선이 선형 감응 관계를 벗어나게 된다.

■ 기기편차

Beer 법칙은 흡광도를 측정할 때 단색광을 이용할 때만 성립되는데 실제로 단색광을 사용하는 경우는 거의 드물고 좁은 범위의 다색광을 사용하게 되므로 편차가 발생한다. 그러므로 흡광도를 측정할 때에는 반드시 흡수 스펙트럼의 극대점이 나타나는 파장(최대 흡수 파장)에서 측정하도록 해야 한다. 최대 흡수 파장을 선택할 때에는 편차가 있을 수 있으나 최대 흡수 파장 부근에서는 흡광 계수의 차가 적기 때문에 큰 편차가 나타나지 않으므로 Beer 법칙에 크게 벗어나지 않게 된다. 또한 미광, 시료용기 위치의 부정밀성, 기기의 암전류 등도 오차를 유발한다.

■ 오차를 줄이는 방법

대부분의 분광 광도계는 중간 정도의 흡광도 값 범위에서(즉, A≈0.4~0.9) 최소의 오차를 나타낸다. 만약 너무 적은 양의 빛이 시료를 통과하였다면(높은 흡광도), 그 세기를 측정하기 어렵다. 또한 너무 많은 양의 빛이 통과되었다면(낮은 흡광도), 시료와 기준큐벳 사이의 차이를 검출하기가 곤란하다. 그러므로 시료의 흡광도가 중간 정도의 범위에 들어가도록 시료의 농도를 조절하는 것이 바람직하다.

시료의 조제 및 취급에 관한 오차는 적당한 주의나 일반적인 상식에 의해서 최소한으로 줄일 수 있다. 예를 들면 시료는 먼지가 없어야 되는데, 그 이유는 작은 입자들이 빛을 산란시킴으로써 시료의 겉보기 "흡광도"를 증가시키기 때문이다. 모든 큐벳의 뚜껑을 닫으면 용액 중 먼지의 농도를 줄일 수 있다. 대단히 중요한 실험에서는 측정하려는 최종 용액을 매우 치밀한 거름종이로 거르는 것이 반드시 필요하다. 큐벳은 가능한 한 손가락으로 만지지 않도록 해야 할 뿐만 아니라, 산란을 일으키게 되는 큐벳 표면의 오염을 피하도록 아주 깨끗이 해야 된다.

3 착물 형성 과정

Fe(III) 이온을 하이드로퀴논으로 환원시키면 Fe(Ⅲ) 이온이 Fe(II) 이온으로 환원된다. 이것은 *o*-phenanthroline과 결합하여 강한 색을 띄는 착물을 형성한다.

• 하이드로퀴논(hydroquinone)의 역할: 강한 환원제로 철이 Fe(III)의 상태로 있게 해준다.

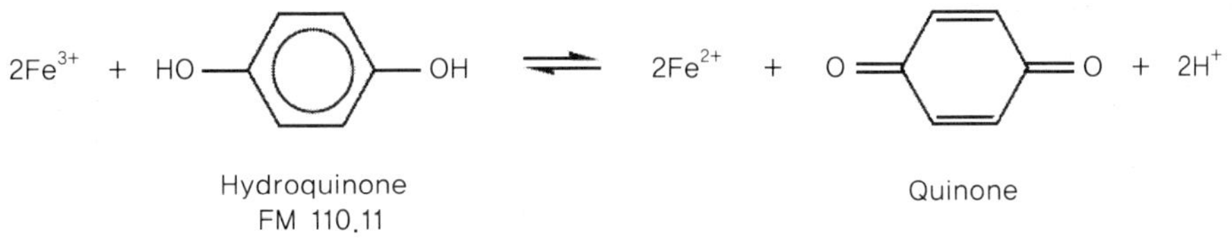

$$2Fe^{3+} + HO-C_6H_4-OH \rightleftharpoons 2Fe^{2+} + O=C_6H_4=O + 2H^+$$

Hydroquinone
FM 110.11

Quinone

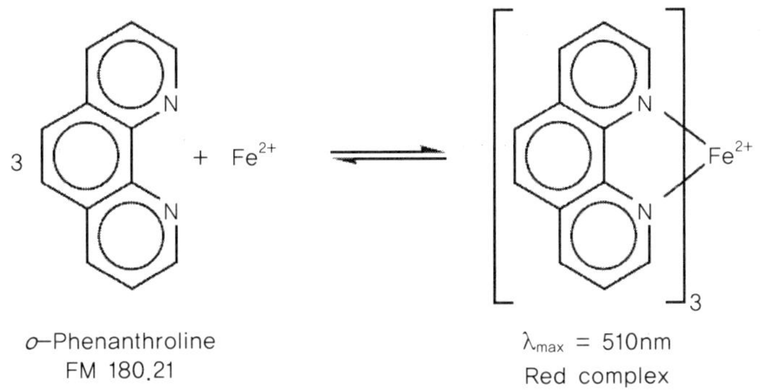

$$3\ (o\text{-phen}) + Fe^{2+} \rightleftharpoons [Fe(o\text{-phen})_3]^{2+}$$

o-Phenanthroline
FM 180.21

λ_{max} = 510nm
Red complex

- *o*–phenanthroline의 역할: Fe(II)와 결합하여 붉은색을 띠게 된다. 이에 보색인 초록색이 흡수되어 508 nm에서 최대파장이 관찰된다.
- pH를 3.5에 맞추는 이유: Fe(III)는 pH 2에서 침전이 생기므로 Fe(II)로 다 환원하지 못한다. 또 Fe(II)는 pH 7.5에서 흰색 침전이 생기므로 pH가 7.5 이하가 되어야 한다. 또한 $[Fe(o\text{-phenanthroline})_3]^{2+}$는 pH 3~9에서 안정하게 발색이 된다. 또한 하이드로퀴논이 환원시킬 때 나오는 수소 이온을 고려할 때 3.5가 적당하다.

실험 기구 및 시약

1 실험 기구

pH paper, 100 mL 부피 플라스크, 1000 mL 부피 플라스크, 분광 광도계

2 실험 시약

철을 포함한 비타민 한 정, HCl(6 M), 하이드로퀴논, *o*–Phenanathroline, 시트르산 소듐, 철 표준 용액$[FeNH_4(SO_4)_2 \cdot 12H_2O]$

실험 방법

1 Sample 준비

① 비타민 한 정을 100 mL 비커에 넣고 후드에서 6 M의 HCl 25 mL와 함께 가볍게 끓인다.

② ①번의 용액을 100 mL 부피 플라스크에 직접 거른다. 이때 비커와 거름종이를 소량의 증류수로 몇 번 씻어 정량적으로 옮긴 후 100 mL 부피 플라스크의 표선까지 증류수로 묽히고 잘 섞는다.

③ 이 묽힌 용액 5 mL를 새로운 100 mL 부피 플라스크에 넣고 묽힌다.

2 철 표준 용액의 제조

① 철 표준 용액을 10 mL를 피펫으로 취하고, pH paper로 pH를 측정한다(pH paper의 색이 옅은 주황색을 띠게 된다).

② pH가 약 3.5에 이를 때까지 시트르산 소듐 용액을 한 방울씩 가하면서 방울 수를 센다(약 30방울 정도 들어가며 이는 약 2 mL 정도임).

③ 철 표준 용액 10 mL를 피펫으로 100 mL 부피 플라스크에 취하고, ⑤번 단계에서 넣었던 시트르산 용액의 방울 수만큼 가한다.

④ 하이드로퀴논 용액 2 mL와 *o*–Phenanathroline 3 mL를 가하여 표선까지 묽히고 잘 섞는다.

⑤ 철 표준 용액을 각각 10 mL, 7 mL, 5 mL, 2 mL, 1 mL를 취해 같은 과정으로 용액을 만들고 철 성분이 들어 있지 않은 바탕 용액도 만든다.

3 분광학적 측정

① 비타민 정을 녹인 용액 10 mL를 피펫으로 100 mL 부피 플라스크에 옮긴 후 같은 양(철 표준 용액에 사용한)의 시트르산 소듐, 하이드로퀴논 용액, *o*–Phenanathroline을 가한 다음 표선까지 묽히고 잘 섞는다.

② 용액을 적어도 10분간 그대로 둔다. 10분 후 508 nm에서 각 용액의 흡광도를 측정한다. 기준 큐벳에는 바탕 용액으로 채우고, 철 표준 용액의 흡광도에서 바탕 용액의 흡광도를 빼준다.

③ 철 표준 용액의 ㎍에 대한 흡광도의 그래프를 그린다. 최소 제곱법으로 기울기의 절편을 구한다. 각 용액에서 $[Fe(o\text{–}phenanthroline)_3]^{2+}$의 몰농도를 구하고, 흡광도 5개로부터 평균 몰흡광 계수를 구한다.

결과 처리

1 Fe 표준 용액 농도, Fe 함량 계산

① $FeNH_4(SO_4)_2 \cdot 12H_2O$의 몰수(=Fe의 몰수)

$$0.281g/482.168\ g/mol$$

② Fe 표준 용액의 몰 농도

$$\frac{0.281g}{482.168g/mol} \times \frac{1}{1L} = 5.827 \times 10^{-4}M$$

③ Fe 표준 용액 속의 철의 농도를 이용해 각각의 1 mL, 2 mL, 5 mL, 7 mL, 10 mL 용액 속의 철의 농도를 계산.

ex) 10 mL 용액의 농도

Fe 표준 용액을 10배 묽혔으므로

$$= 5.827 * 10^{-5}M$$

④ 묽힌 Fe 표준 용액 속의 Fe의 질량 구하기.

ex) 10 mL 용액 속의 Fe의 질량

$$= 5.827 * 10^{-5}M \times 0.1\,L \times 55.845\,g/mol$$

$$= 3.254 \times 10^{-4}g = 325.4\,\mu g$$

⑤ 이와 같은 방법으로 용액, 농도, 철의 질량, 투광도, 흡광도 표를 그린다.

용액	농도(M)	Fe의 질량(㎍)	흡광도
바탕 용액	0	0	0
1 mL 용액	0.000005827	32.5	측정값
2 mL 용액	0.000005827*2	65	측정값
5 mL 용액	0.000005827*5	162.7	측정값
7 mL 용액	0.000005827*7	227.7	측정값
10 mL 용액	0.00005827	325.4	측정값
비타민 정(10 mL)			측정값

2 Fe 표준 용액에 따른 흡광도 그래프 그리기

① 위 결과를 이용하여 least square method로 그래프를 그린다.

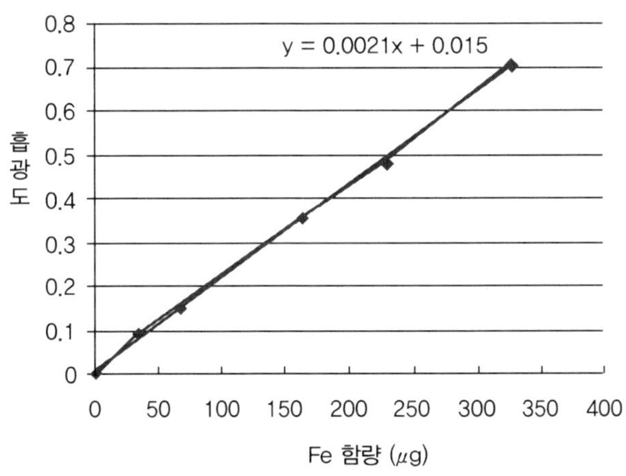

② 교정 곡선을 이용하여 희석된 비타민 정의 Fe 함량 구하기

Y(흡광도) = 0.0021 X(철 함량) + 0.015

0.028 = 0.0021 X(철 함량) + 0.015

X(철 함량) = 6.1904 ㎍

③ 비타민 정의 Fe 함량 구하기

6.1904 ㎍ (200배 희석되었으므로) → 6.1904 ㎍ × 200 = 1238.08 ㎍ = 1.238 mg

3 몰흡광 계수 구하기

① 몰흡광 계수 구하기

ε=A/bc에 대입

표준 용액(mL)	농도(M)	Fe질량(㎍)	흡광도	몰흡광 계수($cm^{-1}M^{-1}$)
바탕 용액	0	0	0	0
1 mL 용액	0.000005827	32.5	0.098	16818.25982
2 mL 용액	0.000005827*2	65	0.158	13557.5768
5 mL 용액	0.000005827*5	162.7	0.361	12390.5955
7 mL 용액	0.000005827*7	227.7	0.487	11939.49349
10 mL 용액	0.00005827	325.4	0.707	12133.17316

② 이와 같이 각 용액의 몰흡광 계수를 구하여 평균을 낸다.

실험 4 분광학적 방법을 이용한 카페인과 벤조산 함량 분석

* 실험목적

분광학은 각각의 파장에서 빛이 물질을 통과하여 흡수, 방출되는 정도를 스펙트럼을 통해 그 속에 있는 성분원소나 화합물의 종류와 농도를 판정하는 방법으로 분광 광도법을 이용하여 탄산음료에 들어 있는 카페인과 벤조산의 함량을 분석한다.

실험이론

1 분광 광도계의 원리와 구조

원리-물체에 의하여 흡수되는 빛의 양은 그 물질의 농도에 따라 달라서 시료 용액 중의 빛을 흡수하는 화학물질의 양을 정량할 수 있다.

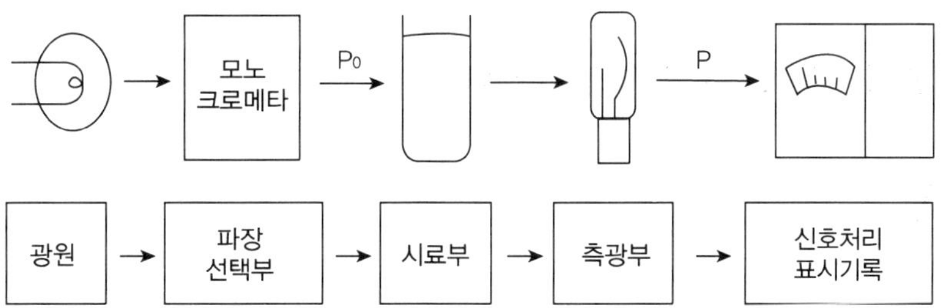

2 투광도

원래 쪼여준 빛과 시료를 통과한 빛의 분율

$$T = P/P_0 \quad (0 \le T \le 1)$$

P_0 = 바탕 용액 또는 순수한 용매가 들어 있는 기준 용기를 통과한 복사선 세기
P = 시료 용기를 통과한 광의 세기

3 흡광도

$$A = \log(P_0/P) = -\log T$$

빛이 전혀 흡수되지 않았을 때 $P = P_0 \rightarrow A = 0$이다.

4 Beer 법칙

물질의 농도와 빛의 흡수됨의 관계 법칙

$$A = \varepsilon bc$$

ε = 몰흡광 계수($M^{-1}\ Cm^{-1}$), b = 실제 흡수 용기 cell의 두께(cm), c = 시료의 농도(M)이다.

5 혼합물의 분석

한 가지 이상의 흡수 화학종이 존재할 때, 특정 파장에서의 흡광도는 그 파장에서 모든 화학종으로부터 나타내는 흡광도의 합이 된다.

$$A_{total} = \epsilon_X b[X] + \epsilon_Y b[Y] + \epsilon_Z b[Z] + \cdots$$

6 실험에 사용되는 물질과 파장 범위

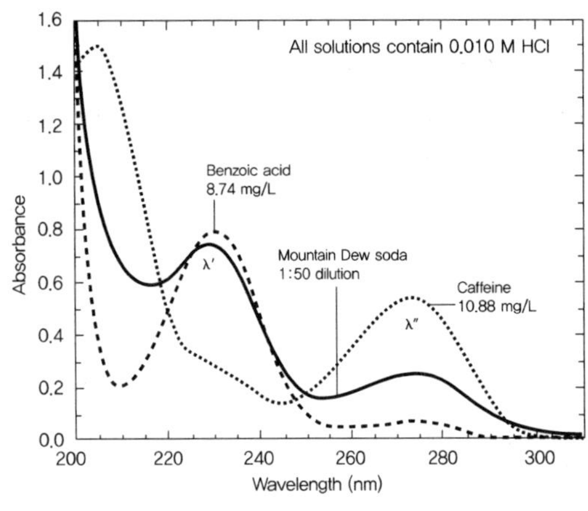

실험에서 예상되는 탄산음료의 스펙트럼

benzoic acid(C_6H_5COOH, 122.12 g/mol)의 최대 흡광도를 나타내는 파장은 227 nm이다.

caffeine($C_8H_{10}N_4O_2$, 182.18 g/mol)의 최대 흡광도를 나타내는 파장은 272 nm이다.

실험 기구 및 시약

1 실험 기구

10 mL 피펫, 25 mL 피펫, 100 mL 비커, 100 mL 부피 플라스크, 250 mL 부피 플라스크, 분광 광도계

2 시약

stock solution, 0.1 M HCl, 0.001 M 벤조산, 0.001 M 카페인

실험 방법

1 표준 용액 만들기

① 0.01 M HCl 중에 벤조산 2, 4, 6, 8, 10 mg/L가 함유된 용액을 만든다.
Ex) 2 mg/L = 1.6×10^{-5} M의 벤조산 용액을 만든다고 가정
100 mL 부피 플라스에 벤조산(0.001 M) 용액 1.6 mL 취한 후,
0.1 M HCl 10 mL를 가하고 잘 섞은 후, 증류수로 눈금까지 묽힌다.
(MV=M′V′ ▶ 1.6×10^{-5} M × 100 mL = 0.001 M × xV ▶ xV = 1.6 mL)

② 이와 비슷한 방법으로 0.01 M HCl 중에 카페인 4, 8, 12, 16, 20 mg/L가 함유된 용액을 만든다.

2 시료 준비

① 비커에 20 mL soft drink를 취하고, 핫플레이트 위에서 약하게 가열하여 CO_2 제거

② 실온까지 식힌 후 2 mL, 4 mL를 취하여 각각 100 mL 부피 플라스크에 옮긴다.

③ 0.1 M HCl 10 mL를 가하고 증류수로 눈금까지 묽힌다.

3 measurement

① 기준 큐벳을 넣고 200 ~ 300 nm 범위에서 바탕 스펙트럼을 기록

② 10개의 표준 용액(벤조산, 카페인)의 자외선 스펙트럼 각각 기록

③ 벤조산과 카페인의 최대 흡광도를 나타내는 파장을 확인
④ 각 파장에서 두 화합물에 대한 흡광도 대 농도를 도시한 교정 곡선 작성
⑤ 시료의 흡수 스펙트럼을 측정
⑥ 원래의 soft drink에 함유된 벤조산과 카페인의 농도 계산

결과 처리

UV 스펙트럼

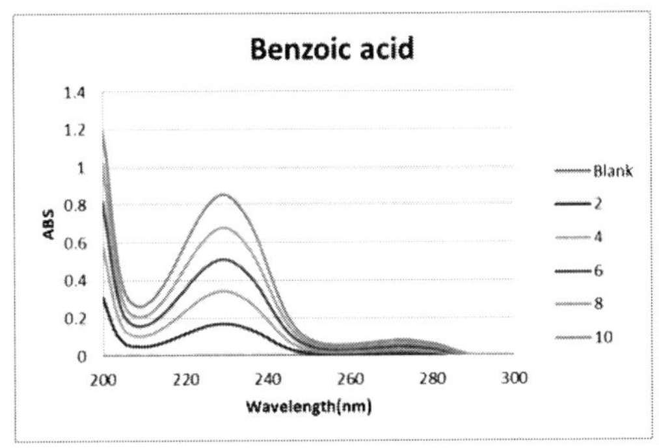

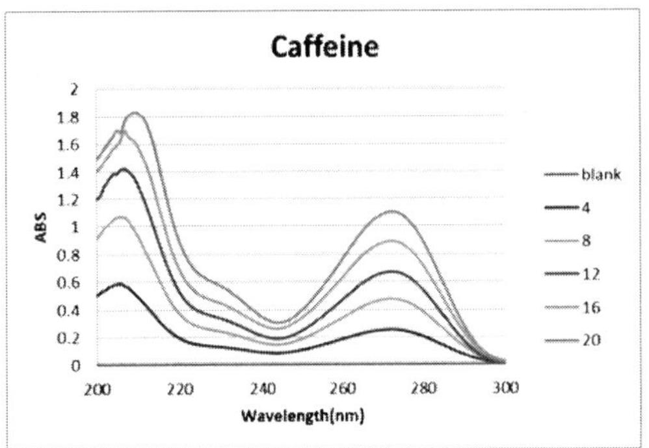

$$A_{227} = \epsilon_{227,\ caffein} \cdot b \cdot c_{caffein} + \epsilon_{227,\ benzoic.acid} \cdot b \cdot c_{benzoic.acid}$$

$$A_{272} = \epsilon_{272,\ caffein} \cdot b \cdot c_{caffein} + \epsilon_{272,\ benzoic.acid} \cdot b \cdot c_{benzoic.acid}$$

몰흡광 계수 구하기($\varepsilon = \frac{A}{bc}$, b=1cm)

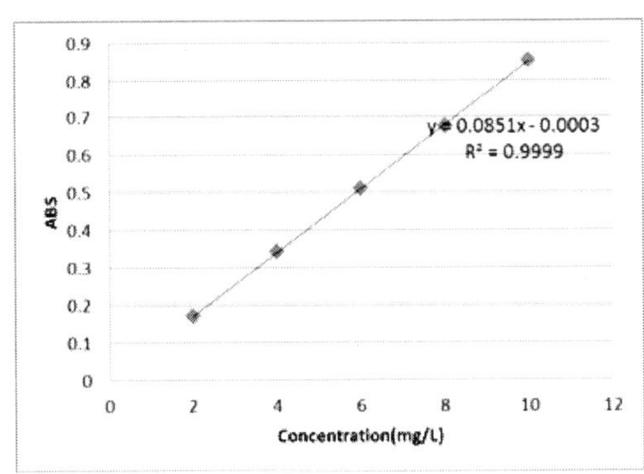

농도(mg/L = ppm)에 따른 흡광도로부터 교정 곡선을 작성한 후 기울기 ε(흡광 계수 $ppm^{-1}cm^{-1}$)를 구한다.

▶227 nm, 272 nm에서 벤조산, 카페인의 ε(total 4개)

탄산음료 속 벤조산과 카페인 농도 구하기

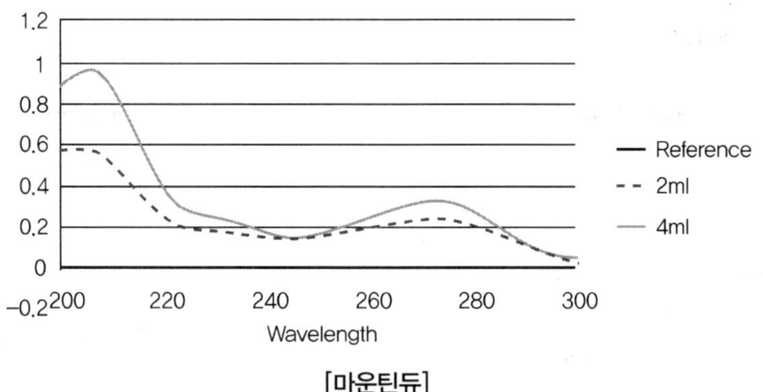

[마운틴듀]

① 각각의 연립방정식을 푼다. (2 mL, 4 mL)

$$A_{227} = \epsilon_{227,\ caffein} \cdot b \cdot c_{caffein} + \epsilon_{227,\ benzoic\cdot acid} \cdot b \cdot c_{benzoic\cdot acid}$$
$$A_{272} = \epsilon_{272,\ caffein} \cdot b \cdot c_{caffein} + \epsilon_{272,\ benzoic\cdot acid} \cdot b \cdot c_{benzoic\cdot acid}$$

② 농도(mg/L = ppm)를 몰농도로 환산

$$M = \frac{ppm \times 10^{-3}}{M.W.}$$

③ 탄산음료 2 mL(4 mL)를 취하여 100 mL 부피 플라스크에 묽혔으므로 100/2(100/4)를 곱하고 2 mL, 4 mL 결과의 평균을 낸다.

실험 5 얇은 막 크로마토그래피와 컬럼 크로마토그래피

* 실험목적

미량의 물질을 분리 또는 정제하는 방법으로 쓰이는 크로마토그래피의 원리를 이해하고 이를 이용하여 혼합물을 분리해 본다.
TLC에서 얻은 정보를 통해 컬럼 크로마토그래피에 적합한 용매를 찾고 이를 통해 혼합물을 분리하여 얻어본다.

실험이론

1 혼합물의 분리

◆ 밀도 차에 의한 분리

① 분리의 원리: 서로 섞이지 않는 두 액체의 밀도가 다른 경우에는 그 차를 이용하여 액체 혼합물을 분리할 수 있다.

- 두 액체 혼합물을 시험관에 넣고 가만히 두면 밀도의 차 때문에 밀도가 큰 액체는 아래층, 밀도가 작은 액체는 위층을 이루게 되어 두 층으로 나누어진다. 액체의 양이 적을 때에는 시험관에 넣어 두 층으로 분리한 후 스포이트 또는 주사기로 액체를 뽑아 내고, 액체의 양이 많을 때에는 분별 깔때기를 사용한다.
- 서로 섞이지 않는 액체 혼합물을 분리할 때, 두 액체의 밀도 차를 알면 위층과 아래층을 이루는 물질을 예상할 수 있다.

② 분리의 예

- 물과 식용유의 혼합물 분리: 식용유가 섞인 물을 흔들면 서로 섞인 것처럼 보이지만, 가만히 세워 두면 밀도가 작은 식용유가 위에 뜨게 된다.
- 물과 벤젠의 혼합물 분리: 물과 벤젠의 혼합물을 분별 깔때기에 넣고 흔든 후 잠시 놓아 두면 벤젠은 위쪽, 물은 아래쪽에 모여 두 층으로 나눠진다.

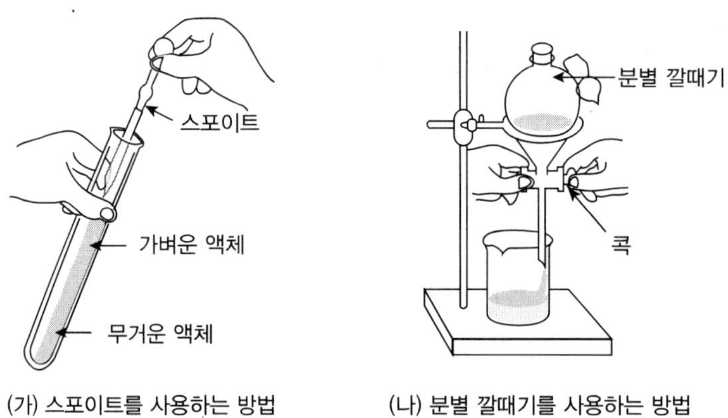

(가) 스포이트를 사용하는 방법 (나) 분별 깔때기를 사용하는 방법

[서로 섞이지 않는 두 액체의 분리]

끓는점 차에 의한 분리

① 끓는점 차에 의한 액체 혼합물의 분리

- 증류: 액체에 다른 물질이 녹아 있는 용액을 가열할 때 그 액체의 끓는점 근처에서 나오는 기체를 냉각시키면 순수한 액체를 얻을 수 있는데, 이와 같은 방법을 증류라고 한다. 이 방법을 사용하면 고체 성분이 녹아 있는 용액에서 액체 성분을 쉽게 분리할 수 있다.
- 분별 증류: 두 가지 이상의 액체가 섞여 있는 액체 혼합물로부터 성분 물질의 끓는점 차이를 이용해서 증류에 의하여 각 성분으로 분리해 내는 방법을 분별 증류라고 한다. 액체 혼합물을 가열하면 끓는점이 낮은 물질이 먼저 증류되어 나오고 끓는점이 높은 물질은 나중에 증류되므로 분리가 가능하다.
- 분리의 예
  - 식수와 생활 용수가 부족한 중동 지방이나 항해 중인 대형 선박에서는 바닷물을 가열할 때 나오는 수증기를 냉각시켜 순수한 물을 얻는다.
  - 메탄올 혼합물의 분리: 물의 끓는점은 100℃, 메탄올의 끓는점은 64.5℃, 가열하여 각각의 끓는점 가까이에서 끓어 나오는 기체를 냉각하여 성분 물질로 분리할 수 있다. B 구간(약 64.5℃ 구간)에서는 메탄올이 D 구간(약 100℃ 구간)에서는 물이 끓어 나온다.
  - 석유의 분리: 석유는 끓는점이 서로 다른 여러 가지 액체의 혼합물이므로 분별 증류하여 분리하여야 한다.
    - 증류탑에서는 연속적으로 분별 증류가 이루어지는데, 위쪽일수록 끓는점이 낮은 성분이 분리되어 나오고, 아래쪽에서는 끓는점이 높고 기화되기 어려운 성분이 분리된다.

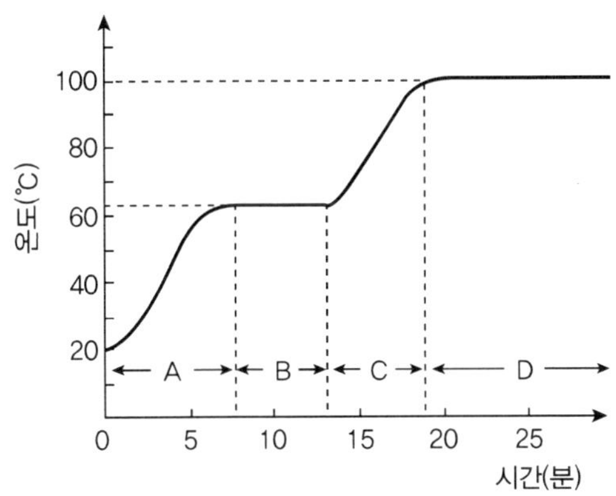

[물과 메탄올 혼합물의 가열 곡선]

◦ 증류탑에서 분별 증류되어 나오는 순서는 가솔린, 등유, 경유, 중유순이며, 분별 증류하면 더 많은 종류의 순수한 성분으로 분리되어 나온다.

◆ 끓는점 차에 의한 기체 혼합물의 분리

① 분리의 원리: 성분 기체들이 모두 물에 녹지 않는 기체 혼합물을 분리할 때, 끓는점의 차이가 큰 기체 혼합물을 냉각시키면, 끓는점이 높은 쪽의 기체 성분이 먼저 액체가 되어 분리된다. 또, 끓는점의 차이가 작은 기체 혼합물은 전부 냉각시켜 액체로 만들었다가 분별 증류의 방법으로 분리한다.

② 분리의 예

- 프로페인과 뷰테인의 분리: 프로페인의 끓는점은 −43℃, 뷰테인의 끓는점은 −0.5℃이므로 이들의 혼합물을 −10℃ 정도로 냉각시키면 뷰테인이 먼저 액체로 분리된다.
- 액체 공기의 분리: 공기는 주로 질소와 산소로 이루어져 있는데, 질소의 끓는점은 −196℃, 산소의 끓는점은 −183℃로 끓는점의 차이가 그다지 크지 않다. 따라서 우선 공기를 냉각하여 액체 공기로 만든 후에 액체 공기의 온도를 서서히 높이면, 끓는점이 낮은 질소가 먼저 증류되어 기체로 분리되고, 다음에 산소가 기체로 증류되어 나온다.

◆ 용해도 차에 의한 분리

① 거름
체나 헝겊, 거름종이 등을 이용하여 액체에 녹지 않는 고체 물질을 분리하는 방법을 거름(여과)이라고 한다.

• 흙탕물의 분리: 깔때기에 거름종이를 밀착시키고 흙탕물을 부으면 물은 거름종이 밖으로 빠져 나오고 흙은 거름종이 위에 남게 되므로 흙과 물이 분리된다.
• 콩 속의 모래의 분리: 가느다란 철망으로 만든 체로 치면 철망의 크기에 따라 모래는 아래로, 콩은 철망에 남게 되어 분리된다.
• 염화 소듐과 모래 혼합물의 분리: 물을 용매로 사용하여 분리한다. 염화 소듐과 모래의 혼합물에 물을 넣고 잘 저은 후 거름종이로 거르면 모래는 거름종이 위에 남고, 염화 소듐은 거른 액으로 분리되는데, 이 거른 액을 증발 접시에 담아 가열하면 물은 증발되고, 염화 소듐만 남게 된다.
• 염화 소듐과 나프탈렌의 분리: 염화 소듐은 물에는 잘 녹지만, 에탄올에는 잘 녹지 않으며, 나프탈렌은 물에는 녹지 않지만 에탄올에는 잘 녹는 성질을 이용하여 적절한 용매와 거름 장치를 사용하여 염화 소듐과 나프탈렌을 분리할 수 있다.

② 용해도 차에 의한 고체 혼합물의 분리
• 분별 결정: 온도에 따른 용해도 차가 큰 고체와 작은 고체의 혼합물을 높은 온도에서 용액으로 만든 후 냉각시켜서 용해도 차가 큰 고체의 결정을 석출시켜 분리하는 방법
• 석출되는 결정의 양 = 처음에 녹인 양 − 냉각된 온도에서 최대로 녹일 수 있는 양
• 재결정: 고체를 고온의 용매에 용해시킨 후 냉각하면 다시 결정이 석출된다. 이와 같은 방법으로 순수한 결정을 얻는 것을 재결정이라고 한다. 재결정은 불순물을 없애고 순물질을 얻는 정제의 한 방법으로, 결정성 고체를 얻는 데 많이 사용된다.
• 분리의 예(염화 소듐과 붕산의 분리): 염화 소듐은 온도에 따른 용해도 차가 작지만, 붕산은 용해도 차가 크므로 이 특성을 이용하여 분리한다.

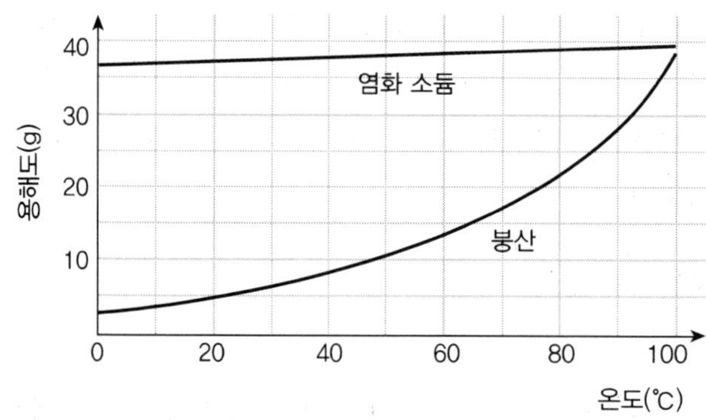

[염화 소듐과 붕산의 용해도 곡선]

③ 용해도 차에 의한 기체 혼합물의 분리

- 물에 대한 기체의 용해도
  - 잘 녹는 기체: 암모니아, 염화 수소, 이산화 황
  - 조금 녹는 기체: 이산화 탄소 등
  - 잘 녹지 않는 기체: 질소, 산소, 수소, 공기 등
- 분리의 원리: 두 기체 혼합물을 물에 통과시키면 물에 대한 용해도가 큰 기체는 물에 녹게 되고, 용해도가 작은 기체는 거의 녹지 않으므로 분리할 수 있다.
- 분리의 예(암모니아와 공기 혼합물의 분리): 암모니아는 물에 매우 잘 녹는 기체이지만, 질소와 산소가 주성분인 공기는 물에 거의 녹지 않는다.

◆ 크로마토그래피

① 분리의 원리

잉크와 같이 몇 가지 종류의 물질이 섞여 있는 혼합물의 용액을 종이나 분필 또는 고체를 통하여 스며들게 하면 혼합물을 이루는 각 성분 물질의 스며드는 속도가 달라서 다른 색깔의 띠로 나타나게 된다. 이를 이용하여 혼합물을 분리하는 것을 크로마토그래피라고 한다.

② 크로마토그래피의 특징

- 장점
  - 간단하고 짧은 시간에 혼합물을 분리할 수 있다.
  - 양이 적거나 성분 물질이 많거나 성질이 비슷해도 한꺼번에 분리할 수 있다.
  - 성분이 올라간 높이와 용매가 올라간 높이의 비는 그 물질이 가지는 특성으로,

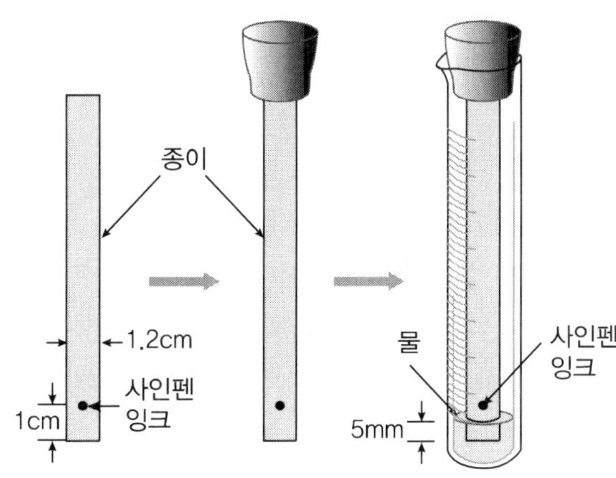

[종이 크로마토그래피를 이용한 사인펜 잉크의 색소 분리]

같은 조건에서 분리되는 색이 서로 같고 스며 올라간 거리의 비가 같으면 같은 물질이다.

- 크로마토그래피의 이용
  - 분리
  - 혼합물의 분리
  - 성분 검사(도핑 테스트), 나뭇잎 색소의 분리

2 크로마토그래피

시료의 성분들을 고정상과 이동상에 분포시켜 분리시키는 방법이다. 시료가 칼럼을 지나는 동안 각 성분의 이동도 차이를 이용해 혼합물의 각 성분을 분리하는 방법이다.

◆ 역사

러시아 식물학자 Mikhail Tswett에 의해 발명(1906년).
잎의 색소 혼합물을 취해 이것을 석유 에터에 녹인 후 석회가루를 빽빽하게 채운 유리관 속에 그 용액을 관통시키니 색소가 남아 약간씩 다른 속도로 씻겨 내려갔다.

◆ 크로마토그래피의 원리

크로마토그래피는 정지상과 이동상으로 구성되는데, 물질들의 정지상과 이동상에 대한 친화력 차이에 의해 분리하게 된다. 즉, 어떤 조건하에서 정지상에 대한 친화력이 더 큰 물질은 정지상과 함께 머무르려고 할 것이고, 이동상에 대한 친화력이 더 큰 물질은 움직이는 이동상을 따라 움직이게 되어 서로 분리될 것이다. 이 친화성을 결정하는 인자가 무엇인가에 따라, 흡착 크로마토그래피, 이온 교환 크로마토그래피, 크기 배제 크로마토그래피, 친화 크로마토그래피 등의 크로마토그래피 기술들이 사용되고 있다.

■ 흡착 크로마토그래피

시료가 고정상에 흡착되는 정도로 분리하는 방법이다. 분리하려고 하는 물질의 혼합물 용액이 흡착제(정지상)를 지날 때 각 성분마다 흡착제의 표면과 이동하는 용매 사이에서 보내는 상대적 시간이 다르게 되어 분리가 일어나는 것이다.

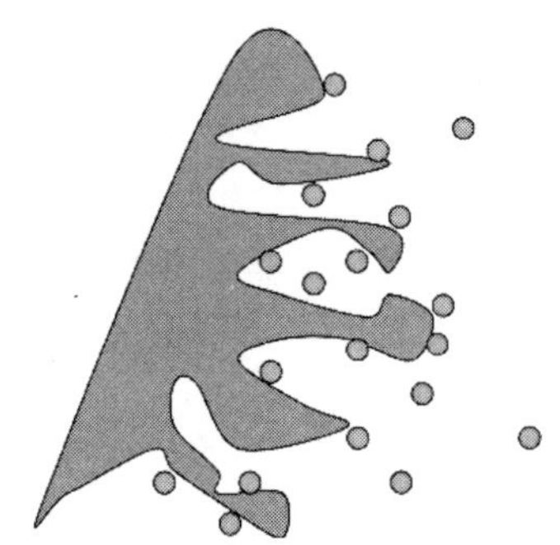

■ 이온 교환 크로마토그래피

이온 교환 수지를 고정상으로 하고 산, 염기 또는 완충 용액을 이동상으로 하여 용질 이온상과 고정상 이온 간의 이온 교환에 의해 용질 이온을 분리하는 방법이다. 이동상은 이온 교환이 일어나기에 적합한 보충액이어야 하며 여러 종류의 염류를 용해시킬 수 있어야 한다. 또한, 이동성인 용매의 적절한 이온 강도에 의하여 시료의 분리 시간을 조절할 수 있어야 한다.

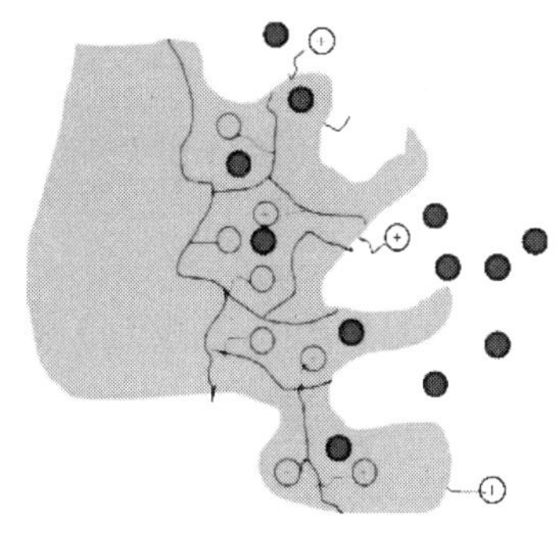

■ 친화 크로마토그래피

서로 생물학적으로 높은 특이적 친화성을 갖는 두 종류의 물질 중 한쪽을 고정상으로 사용하여 그 고정상에 대한 친화성의 차이를 이용해 목적 물질과 불순물을 분리하는 방법이다. 많은 단백질들이 특정한 화학 작용기에 대해 큰 친화력을 가지는 성질을 이용한다.

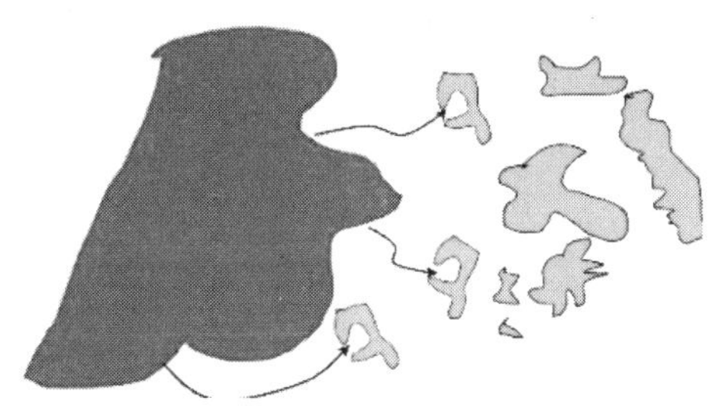

■ 분배 크로마토그래피

고정상과 이동상 사이에 시료가 분배되는 차이를 이용하는 것으로 시료 성분은 끊임없이 고정상과 이동상 사이를 왕복하면서 칼럼 내를 이동하게 되고 마침내 분리가 일어나는 방법이다. 극성이 다른 두 가지 종류의 서로 다른 용매 사이에서 혼합물들이 두 용매에 대한 친화도의 차이, 즉 분배 계수가 다른 원리를 이용한다. 이때 한 용매는 정지상의 구실을 하고 다른 용매는 이동상의 구실을 하여 물질을 분리하는데, 이 정지상의 지지체가 종이인 것이 종이 크로마토그래피, 지지체가 판에 얇게 입힌 젤인 것이 얇은 막 크로마토그래피(TLC)이다. 이때 종이나 젤에 흡착된 물을 정지상으로, 극성이 작은 유기 용매를 이동상으로 주로 사용한다. 이동상과 고정상의 상호작용이 강하기에 따라서 순상과 역상으로 나누어지는데, 순상은 고정상의 극성이 이동상의 극성

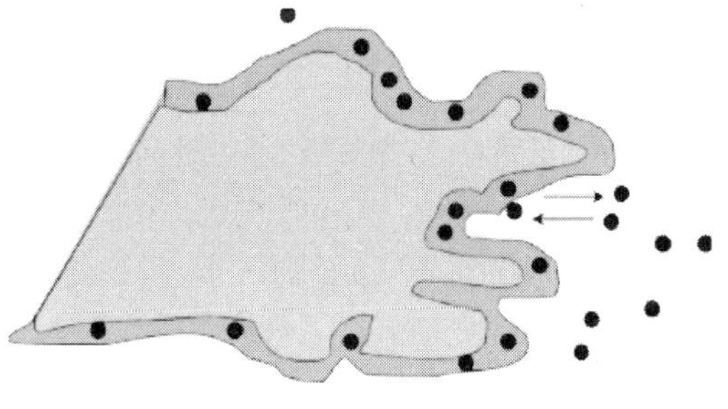

보다 높은 상태에서 시료의 분배가 되는 것을 말하며, 역상은 고정상의 극성이 이동상보다 낮은 것을 말한다. 이동상과 고정상의 상관 관계를 비교하여 시료에 따른 고정상의 극성을 순상 또는 역상을 선택하고 적절한 이동상을 사용하여야만 성공적인 분석결과를 얻을 수 있다.

■ 크기 배제 크로마토그래피

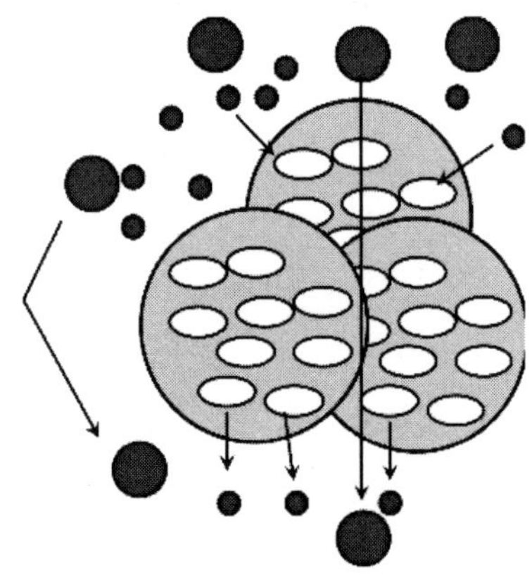

크기가 고르고 다공성이며 바이온성인 젤을 고정상으로 하여 분자 크기에 따라 물질을 분리하는 방법이다. 분리하고자 하는 물질의 크기의 차이를 이용한다. 크기가 작은 물질은 다공성을 지닌 고정상의 공간으로 들어가 빠져 나오는 데 시간이 걸리므로 용출 시간이 오래 걸리고, 크기가 큰 분자의 경우는 다공질의 공간에 들어갈 수 없으므로 이동상과 함께 빠르게 이동되어 용출 시간이 짧게 걸린다. 따라서 용출되는 순서는 분자의 크기가 큰 물질이 빨리 용출되고, 분자의 크기가 작은 물질은 늦게 용출된다. 분자량이 약 2000 이상인 고분자 물질을 분리하는 데 사용되며 시료 분자의 화학적인 성질보다는 크기에 의하여 분리된다.

◆ 분배 평형의 원리

크로마토그래피의 분리 원리는 '분배 평형'의 원리라고 말할 수 있다. 예를 들어 무극성 분자 M을 섞이지 않는 두 용매(극성이 큰 A와 극성이 작은 B 용매)에 넣고 잘 흔들어 준 후 그대로 방치하면 극성이 큰 용매 A와 무극성 용매 B는 서로 섞이지 않고 층이 분리되는 현상을 보이게 되며, 이때 무극성 분자 M은 극성 용매 A보다 무극성 용매 B에 더 많이 녹아 있게 된다. 이는 무극성 분자 M이 용매 A와 B 사이에 고르게 분배되지 않기 때문이다.

이를 평형식으로 표현하면 $M_{(A)} \leftrightarrow M_{(B)}$, $K = \dfrac{[M_B]}{[M_A]}$와 같다. 이는 이동상(액체 또는 기체)과 고정상(고체)이 존재하는 크로마토그래피에서도 그대로 적용할 수 있다. 혼합 용질이 이동상에 섞여 고정상을 통과할 때 각각의 용질은 서로 다른 분배 계수 K를 갖게 되고, 이때 고정상에 대한 분배 계수 K가 큰 용질일수록 고정상에 머무는 시간이 길어진다. 따라서 분배 계수 K가 서로 다른 용질들은 일정한 길이를 갖는 고정상을 통과하는 시간이 서로 다르고 그들의 이동속도가 달라져 혼합 용질의 분리가 가능하게 된다. 실제로 각각의 용질이 고정상에 대해 서로 다른 분배 계수를 갖는 근본적인 이유는 용질 분자와 고정상을 이루는 물질 사이에 상호작용하는 힘이 다르기 때문이며, 또 하나는 각각의 용질이 이동상에 대해 서로 다른 용해도를 갖기 때문이다.

◆ 용질의 이동률(R_f)

이동 시작점으로부터 특정 성분이 이동한 거리를 용매가 이동한 거리로 나누어준 값, R_f를 용질의 이동률(rate of flow)이라고 한다.

$$R_f = \frac{\text{성분 물질이 이동한 거리}}{\text{용매가 이동한 거리}}$$

R_f 값은 각 용질의 성질, 용매의 종류 및 온도에 따라 다르다. 그렇지만 흡착제, 용매, 층의 두께 및 균일성, 온도 등이 정해진 조건에서의 R_f 값은 일정하다.

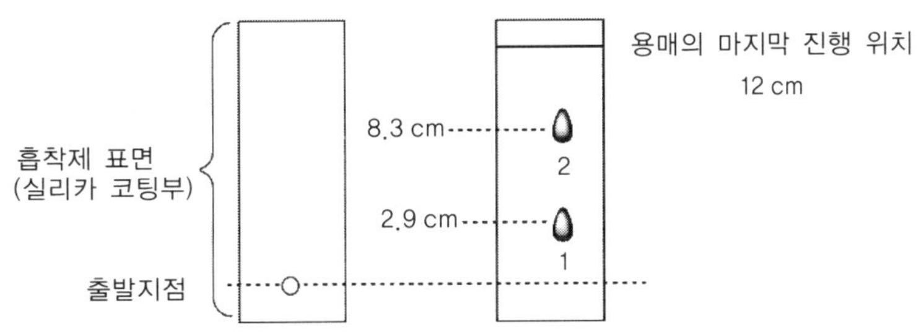

R_f = 성분 물질이 이동한 거리 / 용매가 이동한 거리
$R_f(1)$ = 2.9 cm/12 cm = 0.24
$R_f(2)$ = 8.3 cm/12 cm = 0.69
Note: R_f 값은 항상 1보다 작다.

3 크로마토그래피의 분류

◆ 이동상-정지상에 따른 분류

이동상	고정상	호칭
액체	고체	액체-고체 크로마토그래피
액체	액체	액체-액체 크로마토그래피=액체 크로마토그래피
기체	고체	기체-고체 크로마토그래피
기체	액체	기체-액체 크로마토그래피-기체 크로마토그래피

◆ 이동상에 녹아 있는 용질이 정지상에 대하여 반응하는 형식에 따른 분류

명칭	쓰는 상에 따른 분류(분류의 원인)
관크로마토그래피	LLC(분배), LSC(흡착)
기체 크로마토그래피	GLC(분배), GSC(흡착)
종이 크로마토그래피	LLC(분배)
얇은 막 크로마토그래피	LLC(분배), LSC(흡착, 이온 교환)
이온 교환 크로마토그래피	LSC(이온 교환)
젤투과 크로마토그래피	LSC(분자체)

4 크로마토그래피의 종류

◆ 얇은 막 크로마토그래피(TLC)

TLC에서는 거름종이 대신 유리판에 실리카젤, 셀룰로오스 분말 또는 산화 알루미늄 같은 지지체의 얇은 막을 입힌 걸 사용하며 평면 크로마토그래피의 한 종류로 종이 크로마토그래피와 거의 같다. 이 실험에서의 TLC 판은 실리카젤(극성이 큼)을 유리판 위에 입힌 걸 사용하고 이동상은 극성이 서로 다른 두 용매(다이클로로메테인, 메탄올)가 혼합된 용액(전개액)을 사용한다.

◆ 컬럼 크로마토그래피

컬럼 크로마토그래피는 정상 크로마토그래피의 한 종류로 고정상으로 실리카젤(극성)을 사용한다. 크로마토그래피를 행하는 동안에 용매인 이동상이 흐르는 방향으로 물질을 이동시키려고 하고, 반대로 고정상이 이동상에 따라 흐르려고 하는 물질을 흡착하여 흐르지 못하게 하는 두 힘이 작용하며 물질이 이동되는 것이어서 두 힘의 상대적인 크기에 따라 각 물질이 다르게 이동한다.

5 정상 크로마토그래피와 역상 크로마토그래피

◆ 정상 크로마토그래피

정상 크로마토그래피는 극성 정지상과 무극성 이동상을 이용한 분리 분석법이다. 정지상으로는 실리카나 알루미나와 같은 극성 미립자를 사용하지만, 때에 따라 이들 표면에 극성 액체를 코팅하여 사용하기도 한다. 극성이 큰 물질은 정지상과 상호작용으로 오래 머물고 극성이 작은 화합물은 이동상의 영향으로 먼저 나온다.

◆ 역상 크로마토그래피

옥타데실기처럼 탄화수소 사슬이 공유 결합으로 결합된 막을 입힌 작은 입자를 정지상으로 사용하며 물과 유기 용매를 섞어서 극성을 조절한 혼합 용액을 이동상으로 사용한다. 극성이 작은 물질은 정지상과의 상호작용으로 오래 머물고 물과 상호작용을 더 잘 하는 극성이 큰 화합물은 먼저 나온다.

	정상	역상
정지상의 균형	강함	약함
시료의 용리 순서	비극성 먼저	극성 먼저
용매의 극성 증가의 효과	용리 시간 감소	용리 시간 증가

6 이동상의 조건

① 적합한 물리적 성질을 가져야 한다(점도가 낮아야 하고, UV를 흡수하지 않아야 하며 굴절률이 낮아야 한다).
② 시료를 너무 빨리 용출시키거나 너무 늦게 용출시키면 안 된다.
③ 용매의 세기가 적당하더라도 각각의 시료 성분에 대해 용매 선택성이 있어야 한다.

용매명	극성도	점도(cp, 20℃)	용매명	극성도	점도(cp, 20℃)
Acetic acid	6.2	1.26	Ethylacetate	4.3	0.47
Acetone	5.4	0.32	Ethanol	5.2	1.20
Benzene	3	0.65	Ethylene chloride	3.4	0.44
Benzyl alcohol	5.5	5.80	Methanol	6.6	0.6
Dimethylform amide	6.4	0.90	Nitrobenzene	4.5	2.03

실험 기구 및 시약

1 실험 기구

100 mL 부피 플라스크, 500 mL 부피 플라스크, 50 mL 비커, 100 mL 비커, 500 mL 비커, 10 mL 눈금 실린더, 100 mL 눈금 실린더, 컬럼관, TLC, 스포이트, 모세관, 파스퇴르 피펫

2 시약

메틸레드, hydroxynaphtol Blue, eriochrome Black, methylene chloride, 메탄올, 실리카, NaOH, HCl

실험 방법

1 얇은 막 크로마토그래피 (TLC)

① 다이클로로메테인 : 메탄올 = 1:1, 3:1, 5:1로 전개용매를 준비한다. 10 mL 눈금 실린더를 이용하여 TLC판이 적당히 잠길 정도로 넣어 크로마토그래피를 준비한다.
② 각각의 준비된 지시약과 미지 시료를 메탄올에 녹인다.
TLC판에 시료를 loading할 위치를 연필로 조심스럽게 표시한다.
③ 선으로 표시한 위치에 모세관을 이용하여 점이 겹치지 않게 시료를 loading한다.
④ 수평을 유지하면서 용매에 잠기지 않게 TLC판을 넣어둔다(이때 용매의 증발을 막기 위해 입구를 막아준다).
⑤ 전개액이 TLC판 윗부분에서 0.5 cm가량 떨어진 곳에 도달하면 TLC판을 꺼내 전개

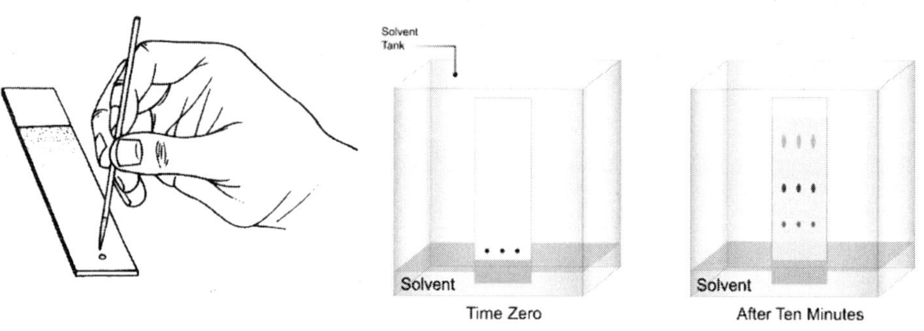

Time Zero
After Ten Minutes

용매가 도달한 위치를 표시한다.

⑥ TLC판과 각각의 전개액에 대해 R_f 값을 구하고 미지 시료에 들어 있을 것으로 생각되는 지시약을 기록하고, 관크로마토그래피를 진행하기에 적당한 R_f 값을 가지는 전개용매를 결정한다.

2 컬럼 크로마토그래피

◆ 패킹(packing)

① 실리카젤을 용매에 섞어서 시멘트처럼 잘 갠다.
이유) 실리카젤은 미세해서 용매를 잘 흡수하기 때문에 사이사이의 기포를 제거함으로써 패킹(packing)이 잘 되게 하는 것.

② 컬럼관에 실리카젤을 갠 용매를 계속 저어주면서 천천히 넣어준다.

③ 컬럼관을 고무봉으로 두드려 실리카젤을 수평하게 패킹시켜준다.

④ 용매가 패킹된 실리카 끝에 도달하면 컬럼관 마개를 닫고 그 위에 sea sand를 넣어준다.

◆ 로딩(Loading)

① 고정상의 가장 윗부분까지 이동상이 내려오게 되면 혼합 시료 한두 방울을 파스퇴르 피펫으로 고정상 위에 살짝 떨어뜨리고 혼합 시료가 고정상에 모두 흡착될 때까지 기다린다.

② 시료가 고정상에 모두 흡착되면 준비한 이동상 몇 방울로 피펫의 벽에 묻어 있는 시료를 잘 씻어주어 모든 시료가 고정상에 완전히 흡착되도록 한다.

③ 이동상을 고정상이 담긴 컬럼관에 채운 다음 bulb를 달아서 압력을 가하여 이동상을 빨리 흐르게 한다.

④ 실리카젤을 통과하여 나오는 이동상을 플라스크에 넘치지 않도록 적당량씩 받아낸다.

⑤ 받아낸 용출액을 얇은 층 크로마토그래피와 같은 방법으로 전개하여 시료의 분리 여부를 확인한다.

⑥ 분리된 지시약을 산과 염기에 가해 색 변화를 관찰하여 지시약이 잘 분리됐는지 확인한다.

결과 처리

각각의 R_f 값을 계산하여 혼합 시료에 들어 있는 지시약이 무엇인지 추론한다.
각 시료 사이에서 R_f 값의 차이가 큰 컬럼 크로마토그래피에 적합한 용매를 찾는다.
컬럼 크로마토그래피를 통해 분리해낸 물질이 산 혹은 염기와 반응해 어떤 색 변화를 보이는지 기록한다.

실험 6 산 염기 적정 곡선 분석 - Gran plot

* 실험목적

표준 용액 NaOH을 이용해 순수한 Potassium acid phthalate를 적정하고, 이를 Gran Plot을 사용하여 당량점과 K_a값을 구한다.

실험이론

1 적정(titration)

정량 분석에서 부피 분석을 위해 실시하는 화학 분석법이다. 일정한 부피의 시료 용액 내에 존재하는 알고자 하는 물질의 전량을, 이것과 반응하는 데 필요한 기지 농도의 시약의 부피를 측정하여 구하는 방법이다. 또한, 시료와 적정 용액의 직접적인 반응을 직접 적정이라고 하며 가장 많이 사용되는 방법이다. 경우에 따라서는 역적정, 간접 적정 등의 조작을 하는 경우도 있다.

◆ 당량점(equivalent point)

적정에 있어 분석물의 양과 정확히 일치하는 양의 표준 시약이 가해진 지점이다. 산·염기 적정에 있어서는 수소 이온과 수산화 이온의 양이 같아지는 지점을 의미한다.

$$H^+ + OH^- \rightarrow H_2O$$

중화 반응에서는 중화가 진행됨에 따라 반응액의 pH가 조금씩 변화하지만 당량점 전후의 구간에서는 일반적으로 pH가 급격히 변화한다.

◆ 종말점(end point)

화학당량 조건과 관련되어 물리적 변화가 일어나는 지점을 말한다. 보통 지시약의 색변화 등을 이용하여 검출하는데, 이렇게 해서 검출된 점은 종말점이며 당량점과 반드시 일치하는 것은 아니다. 당량점과 종말점과의 차이가 적정 오차인데, 적정에서는 당량점과 종말점이 일치하는 것이 이상적이다.

◆ 지시약

산·염기의 지시약은 그 자체가 약한 유기산 또는 유기 염기로서 초산과 같은 다른 물질들과는 달리 짝산과 짝염기 형태들이 서로 다른 색을 나타낸다. 다시 말해 산·염기 지시약이 녹아 있는 용액의 pH가 달라지면 지시약의 짝산 또는 짝염기의 농도가 변하고 용약의 색은 보다 높은 농도를 가지는 화학종의 색을 띠게 된다. 지시약의 이러한 성질은 산·염기 적정의 당량점을 찾는 작업에 활용된다. 아래의 표는 여러 지시약들의 변색 범위이다.

지시약	산성에서의 색	변색 범위(pH)	염기성에서의 색
methyl violet	yellow	0~2	violet
thymol blue	pink	1.2~28	yellow
bromophenol blue	yellow	3.0~4.7	violet
methyl orange	pink	3.2~4.4	yellow
bromocresol green	yellow	3.8~5.5	blue
bromocresol purple	yellow	5.2~6.8	purple
litmus	red	4.7~8.2	blue
phenolphthalein	무색	8.3~10.0	pink
thymolphthalein	무색	9.3~10.5	blue
alyzarin yellow	무색	10.1~12.1	yellow
trinitrobenzene	무색	12.0~14.3	orange

2 전위차법 적정(Potentiometric titration)

적정에 의한 부피 분석은 보통 발색 지시약을 사용하여 편리하게 수행된다. 적당한 지시약이 없을 경우에는 전위차법에 의해 종말점을 찾게 될 수도 있다. 전압 측정을 이용하여 화학적 정보를 얻어내는 것을 전위차법(potentiometry)이라고 한다.

전위차법 적정은 가장 정확한 분석 방법들 중 하나로 고려될 수 있는데, 그 이유는 측정되는 전위는 용액 중 성분의 활동도의 변화에 따라 변하기 때문에 이 방법에 의해 결정되는 종말점은 당량점과의 일치가 가능하기 때문이다. 그리고 이 방법에 의한 적정은 지시약을 사용한 적정보다 더 민감하다. 따라서 전위차법에 의한 적정은 묽은 용액을 사용한 적정에 종종 사용되기도 한다. 전위차법 적정은 간단하다. 이 적정에서는 주어진 기준 전극에 상대적으로 연결된 지시 전극의 전위를 측정하여 이 측정값이 적가액의 부피에 대해 어떻게 변화하는가를 도시한다. 적정 과정이 당량점에 이르면, 아주 큰 전위값의 변화가 일어난다.

3 유리 전극으로 pH 측정

◆ 이온 선택성 전극(ion-selective electrode)

① 이온 선택성 전극은 용액 중에서 한 화학종에 대해 우선적으로 감응한다. 선택된 이온의 농도가 막을 사이에 두고 차이가 나기 때문에 막 사이에 전압 차이가 발생한다. 먼저 특정한 이온이 전하 불균형을 형성하면서 막을 건너가게 된다. 이온이 더 이상의 진전을 막기 위해 전하가 생성되고, 결과적으로 양쪽 편의 특정한 이온의 농도 차이에 관련된 전위차가 막을 가로질러 생성된다.

② 이온 선택성 전극을 만들 때 가장 중요한 점은 원하는 화학종만이 가로질러 이동할 수 있도록 하는 막을 제작하는 것이다. 그러기 위해서는 원하는 분석대상과 선택적으로 반응하는 용해 가능한 분자나 고체결정을 선택하여야 한다. 완벽하게 선택적인 막은 없기 때문에, 의도하지 않은 화학종으로부터의 방해는 항상 존재한다.

◆ pH 전극(pH electrode)

가장 널리 사용되는 이온 선택성 전극은 pH를 측정하는 유리 전극(glass electrode)이다. pH 전극은 전극막을 가로질러 $[H^+]$가 10배 변할 때마다 0.05916V의 전압차를 형성하면서 선택적으로 H^+에 감응한다. $[H^+]$에서 10배 차이는 한 pH 단위이고, 따라서 4.00 pH 단위의 변화는 $4.00 \times 0.05916 = 0.237\,V$의 전압 변화를 유발한다.

■ pH 미터의 사용법

① pH 미터 사용 전에 유리 전극을 증류수에 몇 시간 동안 넣어둔다.

② pH 미터의 전원을 켠 후 잠시 기다렸다가 유리 전극을 증류수로 씻고 살짝 닦아낸다. pH 미터의 유리 전극은 매우 예민하므로 손상이 가지 않도록 부드러운 티슈 등으로 살살 털어내듯이 물기를 제거한다.

③ pH를 정확히 알고 있는 완충 용액에 몇 분간 담그고, pH 미터에서 완충 용액의 pH를 맞춰준다.

④ 다시 전극을 증류수로 씻고 살짝 닦아낸 다음 pH를 알고자 하는 용액에 담그고 안정적인 pH값이 지시될 때까지 기다렸다가 그 값을 읽는다.

4 Gran Plot

Gran Plot(Gran titration or Gran method라고도 함)은 강산-강염기 적정 또는 전위차법 적정에서 당량점 또는 종말점을 예측함으로써 적정 시약을 표준화하는 데 쓰는 일반적인 방법이다. Gran plot을 이용하면 유리 전극을 보정할 수도 있고, 수용액 내의 carbonate의 함량을 예측할 수도 있다. 또한 적정 데이터로부터 약산, 약염기의 K_a 값(acid dissociation constant)를 구할 수도 있다.

종말점을 구하는 데 사용되는 도함수의 문제점은 대부분 종말점 부근에서 완충 작용이 안 되고 전극의 감응이 느리기 때문에 종말점 부근의 정확한 적정 결과를 얻기가 힘들다는 것이다. Gran plot는 종말점을 찾는 데 종말점 이전(전형적으로, $0.8\,V_e \sim 0.95\,V_e$)까지의 결과만을 사용하는 그래프식 방법이다.

Gran Plot Equation 유도과정

$$HA \rightleftarrows H^+ + A^- \quad \cdots\cdots ①$$

$$K_a = \frac{[H^+]\gamma_{H^+}[A^-]\gamma_{A^-}}{[HA]\gamma_{HA}} \quad \cdots\cdots ②$$

약산 HA는 ①식과 같이 해리되고, 이 산의 해리 상수는 ②식으로 나타낼 수 있다. 이때 농도의 항에는 반드시 활동도 계수를 포함해야 하는데, 그 이유는 pH 전극은 수소 이온의 농도가 아니라 activity에 의존하기 때문이다.

농도 F_a, 부피 V_a인 약산 HA를 농도 F_b인 NaOH로 적정할 때, 적정 초기부터 종말점 이전까지 모든 점에서는 매우 근사적으로 NaOH 1몰이 HA 1몰을 중화시킨다고 할 수 있다. NaOH를 부피 V_b만큼 첨가했을 때 다음과 같은 식이 성립한다.

$$[A^-] = \frac{\text{첨가된 } OH^- \text{의 몰수}}{\text{전체 부피}} = \frac{F_b V_b}{V_a + V_b} \quad \cdots\cdots ③$$

$$[HA] = \frac{\text{초기 } HA\text{의 몰수} - \text{첨가된 } OH^- \text{의 몰수}}{\text{전체 부피}} = \frac{V_a F_a - V_b F_a}{V_a + V_b} \quad \cdots\cdots ④$$

이 $[A^-]$와 [HA]값을 해리 상수(K_a)에 대입하면,

$$K_a = \frac{[H^+]\gamma_{H^+}[A^-]\gamma_{A^-}}{[HA]\gamma_{HA}} = \frac{[H^+]\gamma_{H^+}\left(\frac{F_b V_b}{V_a + V_b}\right)\gamma_{A^-}}{\left(\frac{F_a V_a - F_b V_b}{V_a + V_b}\right)\gamma_{HA}} = \frac{[H^+]\gamma_{H^+}(F_b V_b)\gamma_{A^-}}{(F_a V_a - F_b V_b)\gamma_{HA}} \quad \cdots\cdots ⑤$$

가 된다. 이 식을 다음과 같이 정리하면,

$$V_b[H^+]\gamma_{H^+} = \frac{\gamma_{HA}}{\gamma_{A^-}}K_a\left(\frac{V_aF_a - V_bF_b}{F_b}\right) \cdots\cdots ⑥$$

좌변은 $[H^+]\gamma_{H^+} = 10^{-pH}$를 대입하여, $V_b \cdot 10^{-pH}$가 된다. 우변의 괄호 안은 다음과 같이 된다.

$$\frac{V_aF_a - V_bF_b}{F_b} = \frac{V_aF_a}{F_b} - V_b = V_e - V_b \cdots\cdots ⑦$$

$$(\because V_eF_{OH} = V_oF_{HA})$$

그러므로 다음과 같이 나타낼 수 있다.

$$\text{Gran plot 식 : } V_b \cdot 10^{-pH} = \frac{\gamma_{HA}}{\gamma_{A^-}}K_a(V_e - V_b) \cdots\cdots ⑧$$

이러한 $V_b \cdot 10^{-ph}$ 대 V_b의 그래프를 Gran plot라고 한다.

◆ $V_b \cdot 10^{-pH} = -\frac{\gamma_{HA}}{\gamma_{A^-}}K_aV_b + \frac{\gamma_{HA}}{\gamma_{A^-}}K_aV_e$

$\Downarrow \quad \Downarrow \quad \Downarrow$

$y \quad = \quad ax \quad + \quad b$

만약 $\frac{\gamma_{HA}}{\gamma_{A^-}}$가 상수라면, 이 그래프는 기울기가 $-K_a\frac{\gamma_{HA}}{\gamma_{A^-}}$이고 가로축에 대한 절편이 V_e인 직선이 될 것이다. V_b에 대한 단위는 어떤 것이라도 무관하지만 두 축에 대해서는 일치되어야 한다.

Gran plot의 장점은 종말점을 찾는 작업에 종말점 이전까지의 데이터만을 사용하는 것이다. Gran plot의 기울기로부터 K_a 값을 구할 수 있다. Gran plot의 직선을 외삽하면 V_e를 얻을 수 있다.

또한 Gran 함수 $V_b \cdot 10^{-pH}$는 실제로 0이 되지 않는다. 그 이유는 10^{-pH}가 결코 0이 아니기 때문이다. 또한 Gran 함수가 0이 되지 않는 이유는 각 OH^- 1몰당 1몰의 A^-가 생성된다고 하는 근사법을 사용했기 때문이며, 이러한 근사법은 V_b가 V_e에 근접되면서 맞지 않게 된다. 실제로는 이 Gran plot의 직선 부분만을 사용하게 된다.

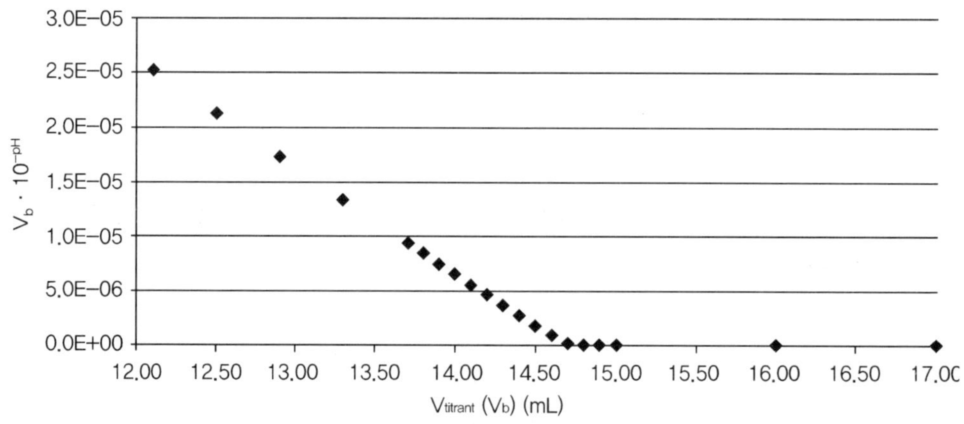

[Preliminary Gran Plot for Titration – 0.8 V_e to past V_e]

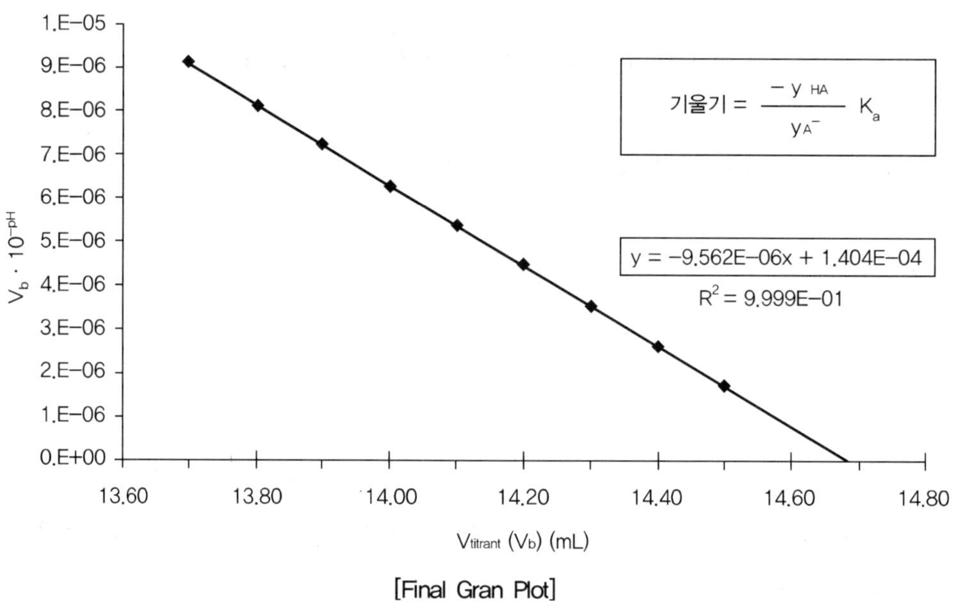

[Final Gran Plot]

◆ 활동도 & 활동도 계수

① PbI_2가 순수한 물에 녹을 때에는, 다음과 같은 여러 가지 Species를 형성하게 된다. PbI_2의 용해도곱 상수는 Pb^{2+}와 I^-에 대한 평형 상수이다.

$$K_{sp}(PbI_2) = [Pb^{2+}][I^-]^2$$

따라서 이 용해도곱 상수는 PbI_2의 용해에 대해서 일부분만 설명하게 된다. 그런데

포화 PbI_2 용액에 inert salt KNO_3를 첨가하게 되면(여기서 inert의 의미는 K^+ or NO_3^- 둘 다 lead iodide species와 반응하지 않는다는 것이다), PbI_2의 용해도가 점차 증가하게 된다. 이는 KNO_3와 같은 inert salt를 PbI_2와 같은 난용성 염에 넣으면 난용성 염의 용해도가 증가한다. (Explanation↓)

$$PbI_3^-$$

$$0.01\%$$

$$\uparrow\downarrow$$

$$PbI_2(s) \rightleftarrows PbI_2(aq) \rightleftarrows Pb^2 + 2I^-$$

$$0.8\% \qquad 81\%$$

$$\uparrow\downarrow \qquad \uparrow\downarrow$$

$$PbI^+ + I^- \qquad PbOH^+ + H^+$$

$$18\% \qquad 0.3\%$$

$$PbI_2 \rightleftarrows Pb^2 + 2I^-$$

② 이온 세기(ionic strength)

용액 내의 I^-은 음이온(NO^{3-}, I^-)과 양이온(K^+, Pb^{2+})에 의해 둘러싸여 있는데, 일반적으로는 훨씬 더 많은 양이온에 의해 둘러싸여 있다. 왜냐하면 양이온과는 인력이 작용하지만 음이온과는 척력이 작용하기 때문이다. 이러한 상호작용은 음이온 주변에 새로운 양이온 전하의 영역을 만들어 내는데 이를 이온 분위기(ionic atmosphere)라고 한다(옆의 그림 참조). 이온은 지속적으로 이온 분위기를 들락날락하기 때문에 이는 시간에 따라 평균화되고, 중심의 음이온의 전하를 약화시킨다. 양이온의 경우도 위와 유사하다.

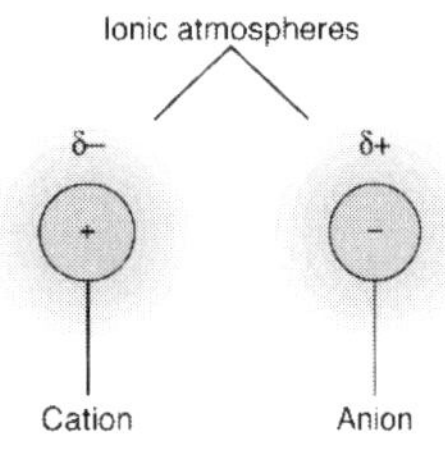

이런 이온 분위기는 용액 내의 이온 사이의 인력을 감소시킨다. 왜냐하면 negative atmosphere를 갖는 양이온은 단독으로 존재하는 양이온보다 약한 양전하를 가지고, positive atmosphere를 갖는 음이온은 단독으로 존재하는 음이온보다 약한 음전하를 갖기 때문이다. 이온 분위기를 갖는 양이온과 음이온의 전체 인력은 순수한 양이온과 음이온 사이의 인력보다 작다. 용액의 농도가 더 진하면 진할수록 이온 분위기의 전하가 더 커지게 된다. 그렇게 되면 이온과 분위기는 전체 전하가 더 약해지게 되고 그러므로 이온들 사이에 인력이 약해진다.

용액 내의 이온의 농도를 증가시키면 Pb^{2+}, I^- 사이에 인력이 순수한 물에서의 인력보다 작아지면서 결국 PbI_2의 용해도가 증가하게 된다.

이온 세기(ionic strength)는 이온 전하에 의한 효과를 포함하는 용액 내의 이온의 전체 농도를 말한다. 즉, 큰 전하를 가진 이온일수록 더 많이 더해진다.

$$\mu = \frac{1}{2}(c_1 z_1^2 + c_2 z_2^2 + \cdots) = \frac{1}{2}\sum_i c_i z_i^2$$

$c_i = i$ 번째 화학종의 농도

$z_i = i$ 번째 화학종의 산화수

$NaNO_3$는 양이온과 음이온이 모두 전하 1을 가지기 때문에 1:1 전해질이라고 한다. 1:1 전해질의 경우에는 이온 세기가 몰농도와 동일하다.

전해질	몰농도	이온 세기	전해질	몰농도	이온 세기
1:1	M	M	3:1	M	6M
2:1	M	3M	2:2	M	4M

③ 활동도 계수

이온 세기를 계산하기 위해 농도의 항은 활동도로 바뀌어야 한다.

④ Activity of C: $A_c = [C]\gamma_c$

A_c: C의 활동도

$[C]$: C의 농도

γ_c: C의 활동도 계수

화학종 C의 활동도를 계산하기 위해서 이의 농도항에 활동도 계수를 곱해준다. 활동도 계수는 이온 세기에 의존한다. 만약 화학 반응에 이온 세기가 영향을 미치지 않는다면 활동도 계수는 1이 된다. 화학 반응 $aA + bB \rightleftarrows cC + dL$에 대한 정확한 평형 상수는 다음과 같다.

■ Extended Debye-Huckel equation

$$K = \frac{A_C^c\ A_D^d}{A_A^a\ A_B^b} = \frac{[C]^c \gamma_C^c [D]^d \gamma_D^d}{[A]^a \gamma_A^a [B]^b \gamma_B^b}$$

$$\log\gamma = \frac{-0.51 z^2 \sqrt{u}}{1 + (\alpha\sqrt{u}/305)} (at\ 25℃)$$

γ는 이온 세기(μ)를 가지는 수용액 내의 전하 $\pm z$, size α(단위: ppm)를 가지는 이온의 활동도 계수다.

실험 기구 및 시약

1 실험 기구

100 mL 부피 플라스크, 250 mL 부피 플라스크, 뷰렛, 마그네틱 바, 250 mL 비커, 100 mL 비커, 100 mL 눈금 실린더, pH 미터, 스포이트

2 시약

Potassium hydrogen phthalate, pH 4 완충 용액, pH 7 완충 용액, pH 10 완충 용액, 페놀프탈레인 지시약, NaOH

실험 방법

1 시약 준비

① 페놀프탈레인 지시약: 100 mL 부피 플라스크에 0.05 g의 페놀프탈레인을 50 mL의 EtOH에 녹인 후 표지선까지 물로 묽힌다.

② 0.1 M NaOH 100 mL

③ Potassium hydrogen phthalate(F.W.:204.22 g/mol): 1.5 g의 potassium hydrogen phthalate을 재고, 250 mL 짜리 부피 플라스크에 넣어 물에 녹인다. 표선까지 희석시킨 후 잘 섞는다. (0.0294 M의 250 mL 용액)

2 실험 방법

① pH가 4, 7, 10인 완충 용액을 사용해 pH 미터를 보정한다.

- pH 미터 사용 전에 유리 전극을 증류수로 씻어준다.
- pH 미터의 전원을 켠 후 잠시 기다렸다가 유리 전극을 증류수로 씻고 살짝 닦아

낸다.

*(유리 전극은 매우 예민하므로 손상이 가지 않도록 부드러운 티슈 등으로 살짝 털어내듯이 닦는다.)

② 눈금 실린더로 potassium hydrogen phthalate 용액 100 mL를 250 mL 비커에 넣고, 마그네틱 바를 넣는다. 마그네틱 바가 전극과 부딪치지 않도록 설치한다.

③ 페놀프탈레인 지시약을 한 방울 첨가한다.

④ 표준 용액 약 0.1 M짜리 NaOH 용액으로 핑크색으로 종말점이 될 때까지 첨가한다(초반 10 mL까지는 1 mL씩 pH를 측정하고, 이후부터는 0.5 mL씩 pH를 측정한다).

⑤ 용액을 계속 stirring 시키면서 평형을 이루도록 1분 간격을 두며, pH를 측정·기록한다.

⑥ 위의 과정을 반복한다.

실험 7 물속의 Ca^{2+}와 Mg^{2+}의 EDTA 적정

* 실험목적

킬레이트제인 EDTA를 이용한 적정의 원리를 이해한다.
천연수에 다량 존재하는 금속 이온 Ca^{2+}와 Mg^{2+}의 농도를 구한다.
가리움 효과에 대해 이해하고 전체 금속 이온 농도 중 Ca^{2+} 이온만의 농도를 구한다.

실험이론

1 킬레이트 적정

◆ 착화합물

착화합물은 착이온을 포함하는 물질을 말한다. 착이온은 중심 금속 이온에 리간드(ligand)가 배위 결합하여 만들어진 것으로, 전형 금속 원소나 전이 금속 원소나 모두 착이온을 만들 수 있다.

◆ 리간드(ligand)

배위 결합에서 중심 금속 이온(루이스 산, 전자쌍 받개)에 전자쌍을 제공하는 화학종(루이스 염기, 전자쌍 주개)을 리간드라고 하며, 리간드 중에서 2쌍 이상의 전자를 주는 화학종을 킬레이트제라고 한다. 중심 금속 이온에 제공하는 전자쌍 수에 따라 한 자리 리간드(monodentate ligand), 두 자리 리간드(bidentate ligand) 등으로 분류한다.

◆ 킬레이트(chelate)

새우나 게의 집게를 뜻하는 그리스어의 Chela라는 단어에서 유래했으며 중심 금속을 리간드가 집게처럼 물고 있는 모양을 뜻한다. 금속 이온과 두 자리 이상의 여러 자리 리간드가 배위한 화합물을 킬레이트라고 하는데, 이때의 리간드를 '킬레이트제'라고 한다.

◆ 킬레이트 적정

킬레이트 화합물의 생성 반응을 이용한 적정법이다. 용액 중에서 금속 이온 M과 킬레이트제 Y가 반응하여 $M + nY \rightleftarrows [MY_n]$과 같이 $[MY_n]$이 되는 킬레이트 화합물이 생길 때, Y의 양 또는 $[MY_n]$의 양에 대하여 M의 양을 알 수 있다.

◆ 두 가지 이상의 금속 이온의 적정

시료 중에 두 가지 종류 이상의 금속 이온이 공존할 때, 그 중 한 종류의 금속만을 정량하려고 할 때, 목적 금속을 정량하려는 방법으로는 두 가지가 있다. 첫 번째는 목적 금속만을 분리해서 정량하는 방법이고, 두 번째는 목적 금속 외의 다른 금속 이온을 가리움시켜 킬레이트제와 반응하지 못하게 하는 방법이다. 가리움(masking)은 분석 물질과 적정 시약의 반응을 방해하는 다른 화합물을 막아주는 현상이다. 이런 목적으로 사용되는 시약을 가리움제(masking agent)라고 한다. 또한 가리움제로부터 금속 이온을 떼어 놓는 것을 가리움 벗기기(demasking)라고 한다. 예를 들면 물에 용해되어 있는 Ca^{2+}와 Mg^{2+}농도를 측정할 때, Ca^2만 따로 적정하기 위해서 강염기를 첨가하여 pH 13에서 적정한다. 왜냐하면 pH 13에서 Mg^{2+}은 OH^-이온과 반응하여 $Mg(OH)_2$ 침전이 생성되면서 EDTA와 반응하지 않기 때문이다. 따라서 OH^-은 Mg^{2+}를 가리움(masking)한다.

2 EDTA(Ethylenediaminetetraacetic acid) & EDTA Titration Techniques

- 무색의 결정성 분말로 화학식 $C_{10}H_{16}N_2O_8$이다.
- 사염기산으로 H_4Y로 표시되며 여섯 자리 리간드이다(6개의 전자쌍을 metal에 제공).

HO–OCCH$_2$ / HO–OCCH$_2$ > $\ddot{N}CH_2CH_2\ddot{N}$ < CH$_2$CO–OH / CH$_2$CO–OH

- EDTA는 금속 이온의 전하와는 무관하게 금속 이온과 1:1의 비율로 착물을 형성하며, 거의 모든 금속 이온과 안정한 수용성 킬레이트를 생성한다.
- 모두 protonation되어 있는 형태의 EDTA는 6개의 양성자를 갖는 약산이고, 단계적인 pK_a 값은 $pK_{a1} = 0.0$, $pK_{a2} = 1.5$, $pK_{a3} = 2.0$ $pK_{a4} = 2.68$, $pK_{a5} = 6.11$ $pK_{a6} = 10.17$이다. 네 번째까지는 카복실 양성자이고 나머지 두 개의 값은 암모늄 양성자이다. 6개의 proton이 모두 떨어져 나갔을 때(Y^{4-} 형태) 금속 원자와 배위 결합을 형성한다(오른쪽 그림).

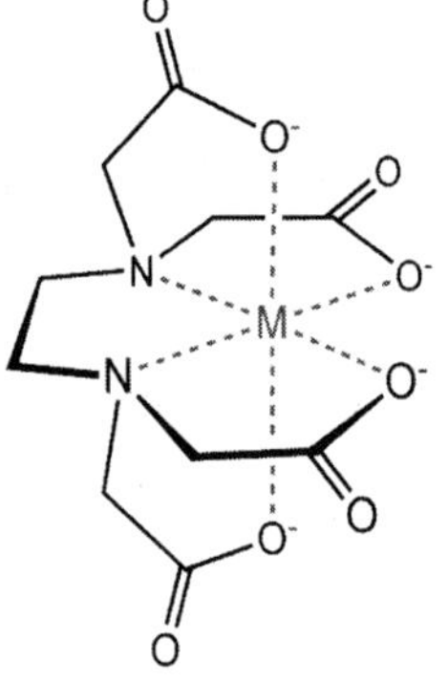

• EDTA 표준 용액을 조제할 때에는 EDTA의 2소듐염인 $Na_2H_2Y \cdot 2H_2O$이 이용되는데 이것은 물에 잘 녹고, 정제하기가 쉬우며, 흡습성이 없고 보존 및 취급이 용이하기 때문이다.

◆ 형성 상수

금속 이온과 리간드의 반응에 대한 평형 상수를 형성 상수(Formation Constant, K_f)라고 한다.

$$\text{Formation Constants: } M^{n+} + Y^{4-} \rightleftarrows MY^{n-4} \qquad K_f = \frac{[MY^{n-4}]}{[M^{n+}][Y^{4-}]}$$

Formation Constants for metal-EDTA complexes

Ion	log K_f	Ion	log K_f
Li^+	2.95	Ca^{2+}	10.65
Na^+	1.86	Fe^{2+}	14.30
K^+	0.8	Mg^{2+}	8.79

여기서 K_f는 중심 금속 이온과 Y^{4-}와의 반응에 대한 형성 상수이다.

◆ The pH-Dependent Metal-EDTA Equilibrium

Fractional Composition of EDTA Solutions

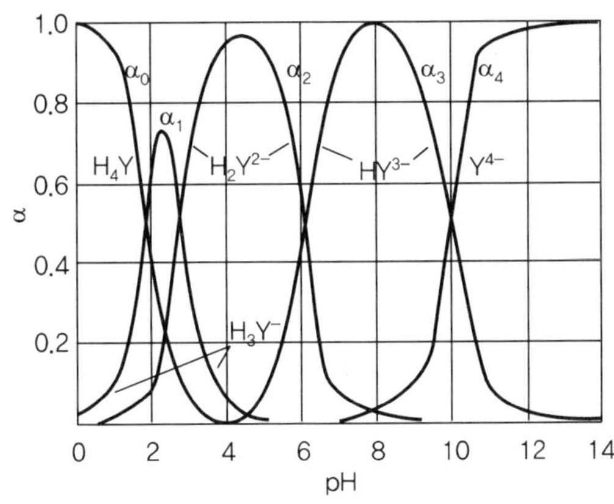

$$\alpha_{y+} = \frac{[Y^{4-}]}{[EDTA]}$$

여기서 [EDTA]는 모든 free EDTA species의 농도의 합이다. 여기서 "Free"의 의미는 금속 이온과 결합하지 않은 것을 말한다.

Fraction of $EDTA$ in the form Y^{4-}:

$$\alpha_{Y^{4-}} = \frac{[Y^{4-}]}{[H_6Y^{2+}]+[H_5Y^{+}]+[H_4Y]+[H_3Y^{-}]+[H_2Y^{2-}]+[HY^{3-}]+[Y^{4-}]}$$

Values of $\alpha_{Y^{4-}}$ for EDTA at 20℃ and $\mu = 0.1\ M$

pH	$\alpha_{Y^{4-}}$	pH	$\alpha_{Y^{4-}}$	pH	$\alpha_{Y^{4-}}$
0	1.3×10^{-23}	5	2.9×10^{-7}	10	0.30
1	1.4×10^{-18}	6	1.8×10^{-5}	11	0.81
2	2.6×10^{-14}	7	3.8×10^{-4}	12	0.98
3	2.1×10^{-11}	8	4.2×10^{-3}	13	1.00
4	3.0×10^{-9}	9	0.041	14	1.00

낮은 pH에서는 대부분의 EDTA는 Y^{4-}가 아니라 protonated form으로 존재한다.

낮은 pH에서는 H^{+}이 EDTA에 대해서 금속 이온과 경쟁하기 때문에 Metal-EDTA 착물은 불안정하고, 높은 pH에서는 OH^{-}이 금속 이온에 대해서 EDTA와 경쟁해서 metal hydroxide 또는 unreactive hydroxide complex를 생성하기 때문에 Metal-EDTA Complex가 불안정하다.

☞ 보조 착화제 사용! (우리 실험에서는 완충제가 보조 착화제로도 사용됨)

◆ 조건 형성 상수(conditional formation constant)

pH = pKa = 10.37 이하에서 EDTA의 대부분은 Y^{4-}의 형태로 존재하지 않는다는 것을 알았다. 오히려 낮은 pH에서는 HY^{3-}, H_2Y^{2-}의 형태가 우세하다.

$$[Y^{4-}] = \alpha_{Y^{4-}}[EDAT]$$

여기서 [EDTA]는 금속 이온과 결합하지 않은 모든 EDTA species의 전체 농도를 의미한다.

$$M^{n+} + Y^{4-} \rightleftarrows MY^{n-4}$$

$$k_f = \frac{[MY^{n-4}]}{[M^{n+}][Y^{4-}]} = \frac{[MY^{n-4}]}{[M^{n+1}]\alpha_{Y4-}[Y^{4-}]}$$

$$\text{Conditional Formation Constant: } K_f' = \alpha_{Y^{4-}} K_f = \frac{[MY^{n-4}]}{[M^{n+}][EDTA]}$$

만약, 완충 용액에 의해 pH가 고정되어 있다면, $\alpha_{Y^{4-}}$는 상수가 된다.

이 값은 특정한 pH에서 MY^{n-4}의 형성을 의미한다. 조건 형성 상수는 Metal-EDTA 착물 형성에서 착물 형성에 관여하지 않는 EDTA가 모두 한 형태로 존재하는 것처럼 취급할 수 있으므로 유용하다. pH가 주어지면, $\alpha_{Y^{4-}}$를 알 수 있고, K_f'를 구할 수 있다.

3 금속 이온 지시약

금속 이온과 결합하면 색깔이 변하는 화합물을 의미한다. EDTA 적정에서 종말점의 검출을 위해 가장 일반적으로 사용하는 방법이다. 금속 이온 지시약은 반드시 EDTA보다 금속과 약하게 결합해야만 한다. 지시약의 색깔은 pH에 의존하므로 대부분의 지시약들은 일정한 pH 영역에서만 사용 가능하다.

◆ EBT 지시약(Eriochrome Black T 지시약)

검붉은색의 금속 광택을 가진 분말로, 킬레이트 적정에서 반응 종점을 결정하는 데 사용하는 금속 지시약이다. pH에 따라 색이 달라지는 성질이 있는데, pH 6 이하에서는 붉은색, pH 7~11에서는 푸른색, pH 12 이상에서는 주황색을 띤다. 또 금속 이온과 1:1로 결합해 착물을 형성하면 붉은색을 띤다. 이때문에 pH 6.5 이하, 12 이상에는 금속 착화합물과 색깔이 비슷해 지시약으로 사용할 수 없고, 일반적으로 금속 착화물이 붉은색을 띠고 지시약은 푸른색을 띠는 pH 7~11에서 사용한다. EBT 지시약을 반응액에 넣으면 반응액 속의 금속과 반응해 지시약은 붉은색을 띠고, 여기에 EDTA 표준 용액을 넣으면 EBT에 결합되었던 금속 이온이 EDTA와 결합해 EBT 지시약은 떨어져 나간다. 이로 인해 반응 종점에서 용액 색깔은 EBT 본래의 색인 푸른색으로 변한다.

■ 발색원리

✔ $Mg^{2+}/Ca^{2+} + HIn^{2-} \rightarrow MgIn^{-}/CaIn^{-} + H^{+}$

Red

✔ $MgIn^{-}/CaIn^{-} + H^{+} + Y^{4-} \rightarrow HIn^{2-} + MgY^{2-}/CaY^{2-}$

Blue

◆ Hydroxynaphtol blue

금속 이온 지시약의 일종으로 EBT 지시약보다 더 높은 pH에서 푸른색을 유지할 수 있다.

◆ 완충 용액

많은 양이온들은 EDTA와의 효과적인 적정을 하는 데 필요한 수준까지 pH를 올리면 수화된 산화물 침전을 생성한다. 이럴 때 보조 착화제를 이용하여 양이온이 용액에 녹아있도록 한다. 킬레이트 적정에서는 침전 반응으로 방지하고 반응액의 pH를 알칼리성으로 유지하기 위하여 암모니아-암모늄 완충 용액을 사용한다. 항상 적정액에 완충 용액을 가하여 일정한 pH를 유지해야 한다. 이때 생성되는 이들 금속의 암모니아 착물은 EDTA 착물보다 안정도가 낮기 때문에 EDTA의 킬레이트 생성 반응으로 방해하지 않는다.

pH를 일정하게 조정하기 위해 완충제를 쓰며, 알칼리성으로 조절하기 위해 NH_4OH를 쓰면 수산화물의 침전생성을 막으면서 보조 착화제 역할도 하게 된다. 이 적정에서 종말점은 금속 지시약을 사용하여 금속 지시약 킬레이트색에서 지시약의 색으로 변색될 때로 한다.

■ 결합 세기 비교

Metal-OH^-ion 결합력 〈 보조 착화제-metal 결합력 〈 metal-EDTA 결합력

실험 기구 및 시약

1 실험 기구

뷰렛, 스포이트, 마그네틱 바, 25 mL 피펫, 250 mL 삼각 플라스크, 100 mL 비커, 500 mL 부피 플라스크, 100 mL 눈금 실린더

2 시약

$Na_2H_2EDTA \cdot 2H_2O$, EBT 지시약, pH 10 완충 용액, hydroxynaphtol blue indicator, NaOH

실험 방법

1 시약 준비

◆ pH 10 완충 용액

28%(wt/wt) NH_3 수용액 28.4 mL을 NH_4Cl 3.5 g에 가하고 증류수로 50 mL까지 묽힌다.

◆ EBT 지시약

고체 지시약 0.5 g과 Hydroxylamine HCl($NH_2OH \cdot HCl$) 4.5 g을 에탄올(95 v/v%) 100 mL에 녹인다.

◆ EDTA 표준 용액

$Na_2H_2EDTA \cdot 2H_2O$ 0.6 g을 정확히 달아 물 400 mL가 든 500 mL 부피 플라스에 데우면서 녹인다. 다 녹인 후 실온으로 식히고 표선까지 묽히면서 잘 섞는다.

◆ 50% NaOH 수용액 20 mL

2 실험 방법

① 피펫으로 시료 용액(호숫물과 수돗물) 50 mL를 250 mL 삼각 플라스크에 취한다. 각 시료에 pH 10 완충 용액 3 mL와 EBT 지시약 3~4방울 가한다. 뷰렛에 EDTA를 담아 용액이 붉은 포도주색에서 푸른색으로 변할 때까지 적정한다.

② Ca^{2+} 정량을 위해 시료(호숫물과 수돗물) 50 mL를 깨끗한 플라스크에 취한다.

③ 50% NaOH 30방울을 각 시료에 가하고 2분간 흔들어서 $Mg(OH)_2$를 침전시킨다(보이지 않을 수도 있다).

④ 고체 hydroxynaphtol blue 지시약 아주 소량(약 0.1 g)을 각 플라스크에 가한 후(이 지시약은 EBT 보다 더 높은 pH에서 푸른색으로 남아 있다) EDTA로 적정한다. 푸른색 종말점에 도달한 후 $Ca(OH)_2$ 침전물을 전부 녹이기 위해 5분간 방치한다. 그 다음에 푸른 종말점까지 다시 적정한다(세워둘 때 붉은색으로 바뀌면 이 과정을 반복한다).

⑤ Ca^{2+}와 Mg^{2+}의 전체 농도, 개별 이온의 농도 및 상대 표준 편차를 계산한다.

결과 처리

1 Results

◆ EDTA 적정 곡선

금속 이온과 EDTA의 반응에 대한 적정 곡선. EDTA의 부피 함수로 pM=$-\log[M^{n+}]$을 도시한 것이다.

■ 영역 1: 당량점 이전

- EDTA 모두 소모, 과량의 M^{n+}가 남게 된다.
- 유리 금속 이온의 농도는 반응하지 않은 과량의 M^{n+}의 농도와 같다.
- MY^{n-4}의 해리는 무시한다.

■ 영역 2: 당량점

- 금속과 EDTA가 정확히 같은 양 존재.
- 순수한 MY^{n-4}를 녹인 용액과 같다고 생각.
- MY^{n-4}가 약간 해리함으로써 M^{n+} 생성.

■ 영역 3: 당량점 이후

- 과량의 EDTA 존재.
- 모든 금속 이온은 MY^{n-4}로 존재.
- 유리 EDTA의 농도는 당량점 이후에 첨가된 과량의 EDTA 농도와 같다.

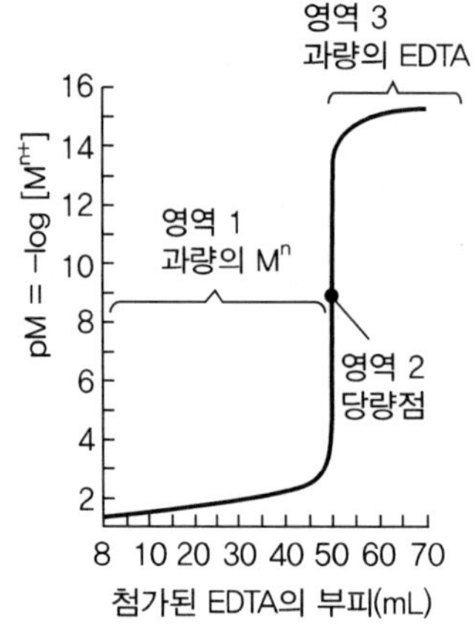

◆ Ca^{2+}와 Mg^{2+}의 농도 구하기

① Ca^{2+}와 Mg^{2+}의 총 몰수 및 농도

$2EDTA + Ca^{2+} + Mg^{2+} \rightarrow CaY^{2-} + MgY^{2-}$

Ca^{2+}와 Mg^{2+} 몰수 = 적정하는 데 사용된 EDTA의 몰수

= 위에서 계산한 EDTA의 농도(M) × 적정하는 데 사용된 EDTA 용액의 부피(mL)

Ca^{2+}와 Mg^{2+} 몰농도 = 위에서 계산한 EDTA의 몰수(mmol)/ 시료의 부피(mL)

② Ca^{2+}와 Mg^{2+}의 각각의 몰농도

$Mg^{2+} + 2OH^{-} \rightarrow Mg(OH)_2$

$EDTA + Ca^{2+} \rightarrow CaY^{2-}$

■ Ca^{2+}의 몰수

Mg^{2+}를 NaOH와 반응시켜 $Mg(OH)_2$로 침전시키고 Ca^{2+}만 적정함

Ca^{2+}의 몰수 = 실험②에서 사용된 EDTA의 몰수

= EDTA의 농도(M) × 적정하는 데 사용된 EDTA 용액의 부피(mL)

■ Mg^{2+}의 몰수 = Ca^{2+}와 Mg^{2+} 전체 이온의 몰수 − Ca^{2+} 이온의 몰수

∴ Ca^{2+}의 몰농도 = 위에서 계산한 Ca^{2+}의 몰수(mmol) / 시료의 부피(mL)

∴ Mg^{2+} 이온의 몰농도 = Mg^{2+} 이온의 몰수(mmol) / 시료의 부피(mL) = 총 농도 − $[Ca^{2+}]$

실험 8 비타민 C의 아이오딘 적정법

* 실험목적

Iodine을 이용하여 산화-환원 적정을 통해 비타민 C(아스코브산)의 양을 알아본다.
아스코브산(비타민 C)는 Triiodide ion(I_3^-)과 빠르게 반응하는 mild 환원제다. 이 실험에서는 아이오딘산 이온(IO_3^-)을 아이오딘화 이온(I^-)과 반응시켜 과량의 I_3^-를 생성하고 아스코브산과 반응시킨 다음 thiosulfate($S_2O_3^{2-}$)로 과량의 I_3^-를 역적정하는 간접 아이오딘법에 대해서 이해한다.

실험이론

1 아이오딘을 이용한 적정법

아이오딘법 적정은 산화·환원 반응의 일종으로 I_2가 생기거나 소비되는 과정을 이용한다.

산화제로서의 아이오딘: $I_2(aq) + 2e^- \rightarrow 2I^-$ (환원)
환원제로서의 아이오딘: $2I^- \rightarrow I_2(aq) + 2e^-$ (산화)

◆ 직접아이오딘 적정법(Iodimetry)

환원성 분석 물질(Reducing 분석물)을 I_2 또는 I_3^-으로 직접 적정하여 I^-를 생성한다. 즉, I_2를 산화제로 사용하는 방법이다.

◆ 간접아이오딘 적정법(Iodometry)

산화성 분석 물질(Oxidizing 분석물)을 과량의 I^-에 가하여 아이오딘을 생성시킨 다음, 이것을 싸이오황산 표준 용액으로 적정하는 방법이다.

I_2는 물에 아주 적은 양만 녹는다(1.3×10^{-3} M, 20℃). 그러나 Iodide와 착물을 형성하여 용해도를 증가시킬 수 있다.

$$I_2(aq) + I^- \rightleftarrows I_3^- \qquad K = 7 \times 10^2$$

적정에 사용되는 I_3^- 용액의 전형적인 농도는 0.05 M로 KI 0.12몰과 I_2 0.05몰을 물 1 L에 녹여 만든다. 적정액으로 "iodine"을 사용한다는 말은 I_2와 과량의 I^-가 포함된 용액을 의미한다. 간단하게 말해, I_3^-보다 I_2가 반응식에 종종 쓰이지만 1 mol의 I_2는 1 mol의 I_3^-와 같다.

2 녹말 지시약

녹말(Starch)은 아이오딘과 진한 푸른색의 착물을 형성하며 아이오딘의 지시약으로 사용된다. 녹말의 활성 부분은 α–D–글루코스당의 중합체인 아밀로스의 중합체이다. 중합체는 I_6($3I_2$에서 만들어짐)의 선형 사슬 주위를 감는 helix 형태를 이루며 complex를 형성하면서 강한 푸른색을 만들어낸다.

$$\cdots[I{-}I{-}I{-}I{-}I{-}I] \;\cdots\; [I{-}I{-}I{-}I{-}I{-}I]\cdots$$

다른 색깔을 띠는 화학종이 들어 있지 않은 용액에서는 $\sim 5 \times 10^{-6}$ M I_3^-의 색깔을 확인할 수 있다. 녹말을 지시약으로 사용하면 검출한계가 약 10배 정도 향상된다.

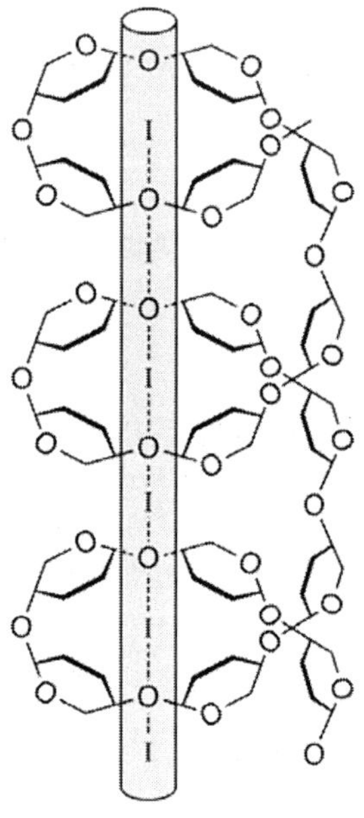

- 직접 아이오딘 적정법에서 녹말은 적정을 시작할 때 가하게 된다. 당량점 이후 첫 번째 과량의 I_3^- 한 방울이 용액을 진한 푸른색으로 변하게 한다.
- 간접 아이오딘 적정법에서 I_3^-는 당량점까지의 전체 반응 과정에 존재한다. 이 반응에서 녹말은 당량점 직전까지 가하면 안 된다(I_3^-가 소실되는 것을 눈으로 확인할 수 있을 때까지). 그렇지 않으면 일부 아이오딘이 당량점을 지나서도 녹말에 붙어 남아 있게 되므로 적정 오차를 일으킨다. 한편, 일부의 아이오딘은 당량점에 도달한 이후에도 녹말 입자와 결합한 채 남아 있는 경향이 있다.

녹말은 천연물이므로 잘 보관하지 않으면 미생물에 의하여 변질된다. 방부제를 첨가하여 냉장고에 보관할 수도 있지만 아이오딘 적정을 실시할 때마다 새로 만드는 것이 더 좋다.

3 I_3^- 용액의 제조와 표준

◆ 고체 I_2 + 과량 KI

I_3^- 용액은 고체 I_2를 KI 용액에 녹여서 만든다. I_2는 일차표준 물질이 될 정도로 순수하지만 무게를 다는 과정 중에 고체가 상당량 승화(증발)하기 때문에 표준 물질로서 거의 사용하지 않는다. 그 대신 대략의 양을 신속히 달아 KI 용액에 녹이고 이것을 As_4O_6나 $Na_2S_2O_3$ 표준 용액으로 표준화한다. 산성 조건에서 I_3^- 용액은 과량의 I^-가 공기에 의해 서서히 산화되기 때문에 불안정하다.

$$6I^- + O_2 + 4H^+ \rightarrow 2I_3^- + 2H_2O$$

중성 용액에서 이 반응은 햇빛, 열 및 금속 이온이 존재하지 않으면 잘 일어나지 않는다. pH 11이상에서는, I_2가 HOI(hypoiodous aicd), IO_3^-(Iodate), I^-로 분해된다.

◆ Small excess KI + KIO_3(Potassium iodate)

I_3^-를 생성시키기 위해서 소량의 산이 첨가되야 한다. 시약은 만든 즉시 사용해야 하며 그렇지 않으면 공기에 의해 산화된다.

$$IO_3^- + 8I^- + 6H^+ \rightleftharpoons 3I_3^- + 3H_2O$$

4 싸이오황산 소듐(Sodium Thiosulfate, $Na_2S_2O_3$)

싸이오황산 소듐은 I_2에 대한 적정 시약으로 가장 널리 사용되는 물질이다. pH 9 이하에서, $I_2(I_3^-)$는 thiosulfate를 tetrathionate로 산화시킨다.

$$I_3^- + \underset{\text{Thiosulfate}}{2S_2O_3^{2-}} \rightleftharpoons 3I^- +$$

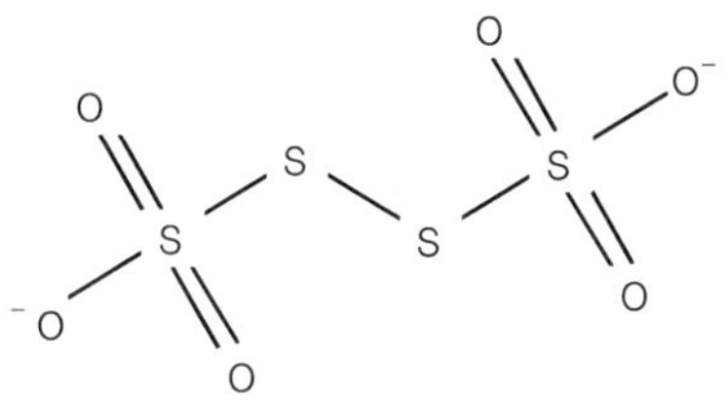

5 역적정

시료 내에 존재하는 분석물의 양보다 많은 양의 표준 용액을 가하여 반응시킨 후, 남은 표준 용액을 또 다른 표준 용액으로 적정함으로써 시료 내의 분석물을 정량 분석하는 적정법이다.

분석물 + 시약 1 → 생성물 + 과량 시약 1

과량 시약 1 + 시약 2 → 생성물

실험 기구 및 시약

1 실험 기구

뷰렛, 삼각 플라스크 6개, 100 mL 부피 플라스크 1개, 250 mL 부피 플라스크 1개, 500 mL 부피 플라스크 2개, 100 mL 비커, 눈금 실린더, 피펫, 스포이트, 깔때기, 유리 막대, 포일

2 시약

비타민 C정 , 비타 500 드링크, KI(2 g), 0.01 M KIO_3(500 mL), 0.3 M H_2SO_4(100 mL), 0.07 M 싸이오황산 표준 용액(500 mL), 녹말 지시약(100 mL)

실험 방법

1 시약 준비

① KIO_3 표준 용액(0.01 M): 500 mL 부피 플라스크에 적당량의 증류수에 KIO_3 1.07 g을 녹인 후 표선까지 묽히고 포일로 감싼다.

② 녹말 지시약
100 mL 비커에 가용성 녹말 1 g + 증류수 10 ~ 20 mL를 넣은 뒤 가열 후 맑아지면 100 mL 부피 플라스크에 묽힌다.

③ 0.07 M 싸이오황산 소듐
500 mL 부피 플라스크에 끓여서 식힌 증류수 적당량에 $Na_2S_2O_3 \cdot 5H_2O$ 8.7 g을 녹

인다. 여기서 0.05 g Na_2CO_3를 가하여 잘 저은 후 표선까지 묽힌다.

④ 0.3 M H_2SO_4

250 mL 부피 플라스크에 먼저 증류수를 조금 넣은 뒤 진한 황산 4.25 mL를 넣어 제조한다.

2 실험 방법

◆ 시료 준비

■ 비타민 C정

① 100 mg짜리 시판용 비타민 C정 1개를 막자 사발에 간다.

② 갈아진 비타민 C정 0.1 g와 0.3 M H_2SO_4 60 mL를 넣고 유리 막대로 저어 잘 녹인다. (이때 고체 접합제의 일부는 안 녹는다.)

■ 비타 500 드링크

① 비타 500 14 mL와 증류수 36 mL와 10 mL의 0.3 M H_2SO_4을 섞는다.

◆ 적정

① 비타 500 드링크와 비타민 C 용액 각각에 고체 KI 2 g과 KIO_3 표준 용액 50 mL를 가한다.

② 싸이오황산 표준 용액으로 적정한다(용액의 색이 옅은 주황색에 가까워질 때까지).

③ 녹말 지시약을 가하고 싸이오황산 표준 용액으로 적정한다.

→ 녹말은 지시약 역할이기 때문에 소량을 넣어서 푸른색을 나타나는 정도만 넣는다(용액의 색이 푸른색에서 무색이 될 때까지/비타 500은 색소로 인해 노란색이 될 때까지).

④ 이 과정을 3번 반복한다.

◆ 결과

반응식 이용하여 비타민 C정 0.1 g과 비타 500 14 mL에 들어 있는 비타민 C의 mg수를 계산한다.

결과 처리

$$IO_3^- + 8I^- + 6H^+ \rightleftharpoons 3I_3^- + 3H_2O$$
$$\text{아스코브산} + I_3^- \rightleftharpoons \text{생성물} + \text{과량 } I_3^-$$
$$\text{과량 } I_3^- + 2S_2O_3^{2-} \rightleftharpoons 3I^- + S_4O_6^{2-}$$

가) I_3^-의 몰수 구하기

과량의 KI에 0.01 M KIO_3 50 mL를 첨가하여 I_3^- 용액을 제조

→ IO_3^- = 0.01 M × 50 mL = 0.5×10^{-3} mol

→ $3I_3^-$ = 1.5×10^{-3} mol ⋯ (가)

나) 적정에 사용된 싸이오황산 소듐의 몰수와 과량 $I_2(I_3^-)$ 몰수 구하기

(싸이오황산 소듐(0.07 M)가 20 mL 소모되었다고 가정)

→ $2S_2O_3^{2-}$ = 0.07 M × 20mL = 1.4×10^{-3} mol

→ I_3^- = 0.7×10^{-3} mol ⋯ (나)

다) 비타민 C와 반응한 $I_2(I_3^-)$의 몰수 구하기

(가) − (나) = 1.5×10^{-3} mol − 0.7×10^{-3} mol = 8.0×10^{-4} mol

라) 비타민 C의 함량 구하기

[비타민 C] = $[I_2]$ = 8.0×10^{-4} mol

비타민 C의 함량 = 8.0×10^{-4} mol × 176.13 g/mol = 0.14 g

실험 9 Penny Statistics

* 실험목적

동전의 질량을 각각 측정하여 얻어진 자료를 바탕으로 평균, 표준 편차, 신뢰구간, t-test, 정규분포, 최소제곱분석, 카이제곱검정과 같은 통계기법을 활용해 본다.

실험이론

1 Gaussian 분포

시료의 수를 무한정으로 많이 하고, 또한 분할폭을 한없이 작게 하면 분포 곡선은 차츰 완만한 선을 그리게 되어 평균을 중심으로 좌우대칭을 이루게 되었을 때 이것을 정규분포라고 한다. 표준 편차를 σ라고 하면, 다음과 같이 범위를 예측할 수 있다. 【$m \pm \sigma$의 범위: 전체의 68.3%】, 【$m \pm 2\sigma$의 범위: 전체의 95.9%】, 【$m \pm 3\sigma$의 범위: 전체의 99.7%】

즉 측정치가 $m \pm 3\sigma$ 밖으로 벗어나는 비율은 0.3%밖에 안 된다는 것을 나타낸다.

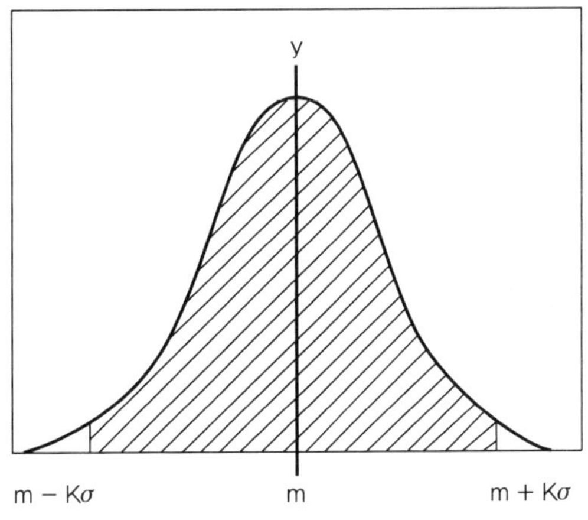

2 평균($\overline{\chi}$)과 표준 편차

◆ 평균($\overline{\chi}$)

평균을 말하며, 총 데이터의 합을 데이터의 수로 나눠준 값을 뜻한다.

$$\overline{\chi} = \frac{\sum_i \chi_i}{n} = \frac{1}{n}(x_1 + x_2 + x_3 + \cdots + x_n)$$

◆ 표준 편차(s)

분포의 폭의 척도이며, 작은 값을 가질수록 분포는 좁아진다. 만약 Gaussian 곡선의 표준 편차 값이 2배 증가하면, 곡선은 높이가 낮아지고 폭이 넓어진다.

$$s = \sqrt{\frac{\sum_i (x_i - \overline{x})^2}{n-1}} \quad (n-1: \text{자유도})$$

기호 $\overline{\chi}$, s는 측정의 개수가 유한한 경우에 사용하고, 측정의 개수가 무한한 경우에는 모집단에 대한 평균, 표준 편차(μ, σ)를 사용한다.

n−1을 쓰는 이유: 평균을 계산한 후, n−1개의 데이터에 대한 평균만을 알고 있다면 n번째 데이터를 계산할 수 있기 때문에 n−1개의 independent 데이터 point만이 남는다.

3 독립표본 t 검정 (student's t test)

Student's test는 다른 실험으로부터 얻은 결과를 비교하고 신뢰구간을 나타내는 데 사용하는 통계학적 도구이다.

◆ 신뢰구간

측정할 수 있는 데이터의 수가 제한되어 있기 때문에(무한대가 아니기 때문에), 참 평균(μ)과 참 표준 편차(σ)를 구할 수 없다. 우리가 실험에서 측정하는 평균($\overline{\chi}$), 표준 편차(s)는 표본 평균, 표본 표준 편차를 의미한다.

신뢰구간은 참 평균(μ)이 측정한 평균($\overline{\chi}$)의 어떤 거리 내에 있을 것 같다는 추정을 나타낸다.

◆ 신뢰구간: $\mu = \bar{x} \pm \frac{ts}{\sqrt{n}}$

참 평균(μ)은 $\bar{x} - \frac{ts}{\sqrt{n}}$ 에서 $\bar{x} + \frac{ts}{\sqrt{n}}$ 사이에 존재한다고 말할 수 있다.

Student's t 값

자유도(n-1)	신뢰수준(%) - 95
1	12.706
2	4.303
10	2.228
15	2.131
20	2.086
60	2.000
120	1.980
∞	1.960

◆ 독립표본 t 검정을 이용한 평균 비교

독립표본 t 검정은 두 개의 데이터셋을 비교하여, 이들이 '통계학적으로 같은지 혹은 다른지'를 결정할 수 있다.

평균값의 비교를 위한 t 검정: $t = \frac{|\bar{x}_1 - \bar{x}_2|}{s_{pooled}} \sqrt{\frac{n_1 n_2}{n_1 + n_2}}$

$$S_{pooled} = \sqrt{\frac{S_1^2(n_1 - 1) + s_2^2(n_2 - 1)}{n_1 + n_2 - 2}}$$

(S_{pooled}은 두 개의 데이터셋을 사용하는 합동 표준 편차)

만약 $t_{calculated} > t_{able}(95\%)$이면 그 차이는 상당하다. 즉, 두 결과는 다른 것으로 간주한다.

4 그럽스 검정(Grubb's test)

데이터들을 결과 처리하기 위해, 유독 튀는 데이터를 계산에서 '값을 빼야 하는지 포함시켜야 하는지'를 결정하는 계산 tool이다.

$$\text{Grubb's test: } G = \frac{|questionable\ value - \bar{x}|}{s}$$

만약 $G_{calculated} > G_{table}$(95%)이면 신뢰가 의심이 되는 데이터 포인트는 버려야 한다.

Critical values of G

관찰한 수	G (95% 신뢰도)
4	1.463
5	1.672
6	1.822
7	1.938
8	2.032
9	2.110
10	2.176
20	2.557

하지만, Grubb's test는 신뢰가 의심되는 데이터를 버린 후, 남아 있는 값들로 표준편차와 평균을 다시 구해야 하기 때문에 시간이 많이 소요된다. 따라서 우리는 crude Grubb's test를 수행할 것이다. 최대한 값을 버리지 않기 위해 위의 범위에 해당하는 값들만 선택적으로 사용한다. (m±3σ의 범위: 전체의 99.7%이므로)

$$\bar{x} - (2.5 \times s) < data < \bar{x} + (2.5 \times s)$$

5 최소제곱법

실험 데이터 점들을 지나는 "최적" 직선을 구하기 위해 사용하는 방법이다. 이는 점과 추세선 사이에 수직 편차를 최소화하면서 직선을 조정함으로써 "최적" 직선을 구한다.

선형 관계식 : y = mx + b

◆ 수직 편차를 최소화해야 하는 이유

① x값(농도)항에서의 오차보다 y값(측정값)에서의 실험적 오차가 큰 경우가 많다.

② 수직 편차를 최소화하는 계산이 비교적 간단하기 때문이다.

아래 그림에서 (x_i, y_i)로부터 수직 편차는 (y_i − y)이고, 여기서 y는 x = x_i일 때 직선의 y값이다.

$$\text{수직 편차} = d_i = y_i - y = y_i - (mx_i + b)$$

이때 편차는 양수 또는 음수가 될 수 있다. 이런 부호의 영향을 무시하고 편차의 크기를 최소화하기 위해서 편차를 제곱하여 양수로 만든다.

편차의 제곱을 최소화하기 때문에 이를 최소제곱법이라고 한다.

$$d_i^2 = (y_i - y)^2 = (yi - mx_i - b)^2$$

최소제곱 기울기: $m = \dfrac{n\sum(x_iy_i) - \sum x_i \sum y_i}{D}$

최소제곱 y절편: $b = \dfrac{\sum(x_i^2)\sum y_i - \sum(x_iy_{i)}\sum x_i}{D}$

여기에서 $D = n\sum(x_i^2) - (\sum x_i)^2$

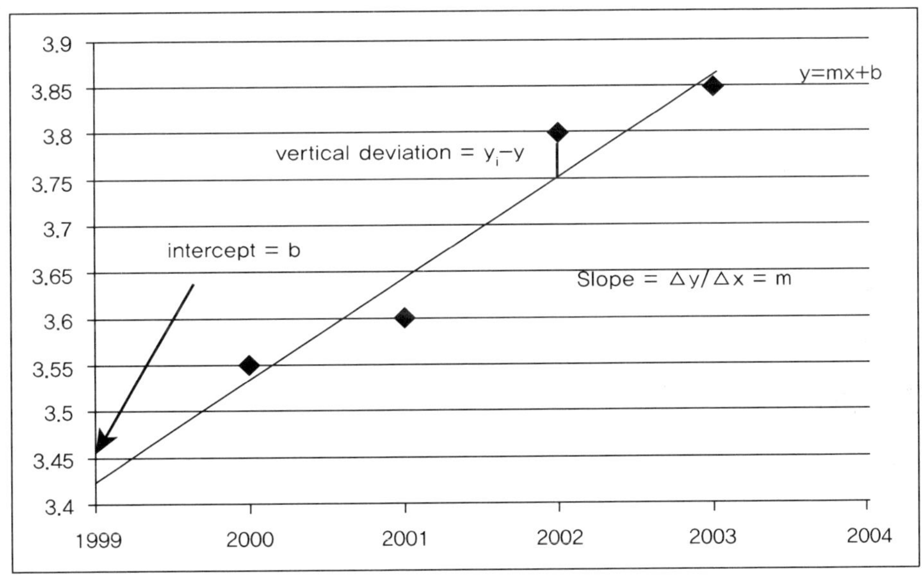

6 무게의 Gaussian 분포

각 연도별로 동전을 분류하고, 무게가 많이 나가는 순서로 다시 정렬하여 막대그래프를 그려 본다. 평균($\overline{x}$)과 표준 편차(s)를 구하고, 매끈한 Gaussian 곡선를 다음 식을 이용하여 계산하고 이것을 막대 그래프 위에 그려 본다. 다음 아래 그림과 같이 해 보자.

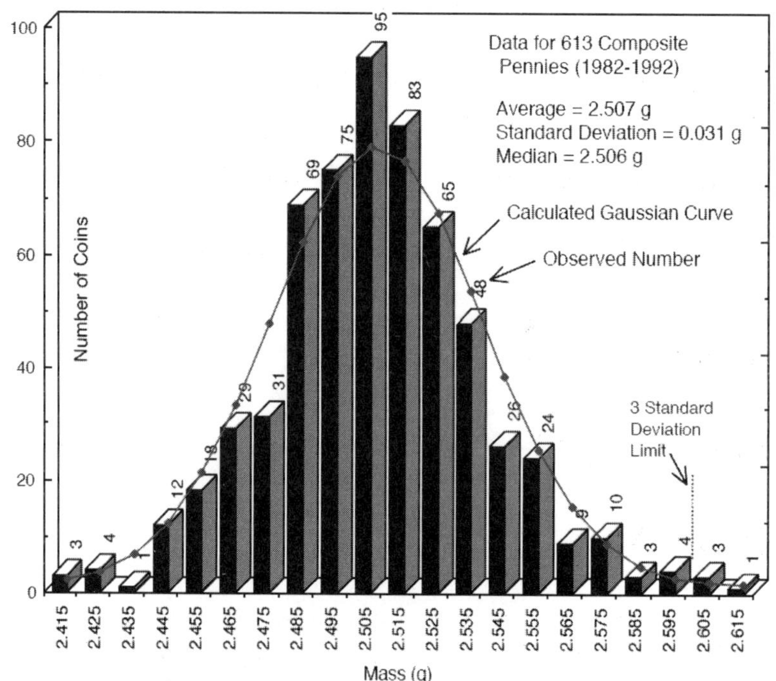

$$y_{calc} = \frac{(total\ number\ of\ coins/100)}{s\sqrt{2\pi}} e^{-\frac{(x-\overline{x})^2}{2s^2}} \quad (\overline{x} = \text{평균},\ \ s = \text{표준편차})$$

무게(g)의 함수로 y_{calc}을 도시해 본다.

7 카이제곱검정(χ^2 test)

동전의 무게 분포가 Gaussian 분포를 따르는지 알아보는 가설검정이다.

$$X^2 = \sum \frac{(y_{obs} - y_{calc})^2}{y_{calc}}$$

$$y_{obs} = \text{관찰된 동전의 수}$$

$$y_{calc} = \text{Gaussian 곡선의 계산결과}$$

식을 이용하여 막대들에 대해 χ^2을 구한다. 이 값을 자유도에 해당하는 임계값와 비교하여 Gaussian 분포를 따르는지 확인한다.

위의 식에서 y_{obs}는 막대의 높이를 의미하고, y_{calc}는 Gaussian 곡선의 y값을 말한다.

만약 χ^2값 〉 임계값이면 Gaussian 분포를 따르지 않는다고 할 수 있다.

이를 다음과 같은 두 가지 상황에 대하여 카이제곱을 계산하고, 검정을 수행한다.

- 전체 데이터에 대하여(모든 막대들).
- 3×표준 편차 영역 밖의 막대들(3 표준 편차 limit)을 제외한 데이터.

Critical value of X^2 that will be exceeded in 5% of experiments

Degrees of Freedom	Critical Value	Degrees of Freedom	Critical Value	Degrees of Freedom	Critical Value
1	3.84	11	19.7	21	32.7
2	5.99	12	21.0	22	33.9
3	7.81	13	22.4	23	35.2
4	9.49	14	23.7	24	36.4
5	11.1	15	25.0	25	37.7
6	12.6	16	26.3	26	38.9
7	14.1	17	27.6	27	40.1
8	15.5	18	28.9	28	41.3
9	16.9	19	30.1	29	42.6
10	18.3	20	31.4	30	43.8

실험 기구 및 시약

연도별 동전, 저울

실험 방법

준비된 동전을 연도별로 분류하여 무게를 기록한다(소수점 넷째 자리까지).

Excel	A	B	C	D	E
1		1990~1991년	1992~1993년	1994~1995년	1996~1997년
2	1	4.2357			
3	2	4.2486			
⋮	⋮				

결과 처리

1 각 연도별 평균 & 표준 편차 구하기

Excel	A	B	C	D	E
1		1990~1991년	1992~1993년	1994~1995년	1996~1997년
2	1	4.2357			
3	2	4.2486			
4	3				
⋮	⋮				
6	평균	=Average(범위)			
7	표준 편차	=stdev(범위)			

2 손상된 동전

① 부식 등으로 인해 손상된 동전의 경우 일반적인 질량과 다른 값을 가지기 때문에 결과에서 제거해준다. → crude Grubb's test!!

Excel	A	B	
1	1	4.2357	
2	2	4.2486	
⋮	⋮	⋮	
		수식	결과
7	평균	=Average(범위)	3.000
8	표준 편차	=stdev(범위)	0.030
9	(A) = 표준 편차 × 2.5	=B8×2.5	0.075
10	(B) = 평균 + (A)	=B7+B9	3.075
11	(C) = 평균 − (A)	=B7−B9	2.925

$$\overline{x}-(2.5\times s)<data<\overline{x}+(2.5\times s)$$

3 평균, 표준 편차 재산출

손상된 동전의 무게를 제거한 뒤 평균, 표준 편차를 재산출한다.

4 신뢰구간과 t 검정

가장 큰 평균과 작은 평균을 갖는 년도를 선택한 후, 이에 대해 95% 신뢰구간을 구한다. t 검정을 이용하여 95% 신뢰수준에서 두 데이터를 비교.

5 최소제곱 분석(Excel의 추세선 기능)

연도별 평균 동전 무게의 그래프를 그리고 추세선(최소제곱 직선)을 그린 후, 연도별 동전의 평균 무게 변화에 대해서 설명한다.

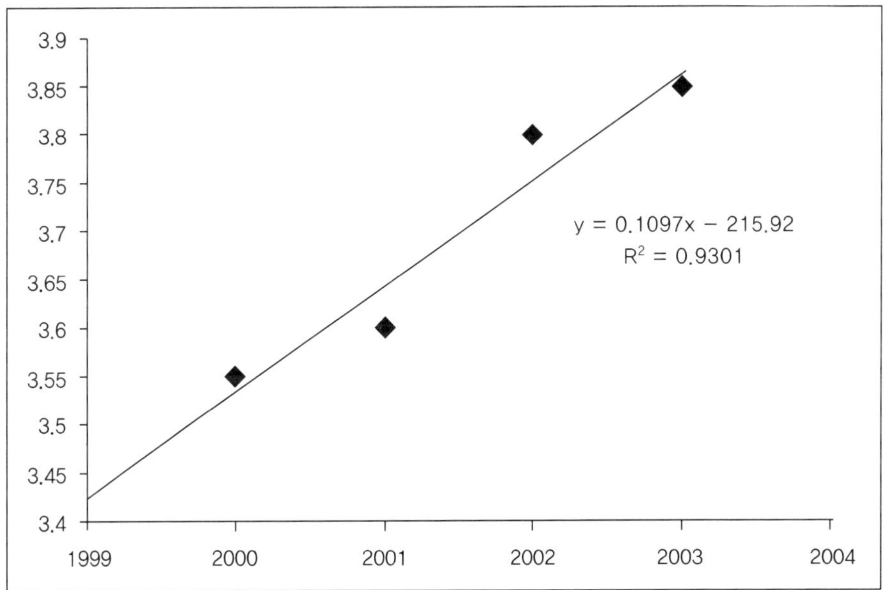

6 동전 무게의 Gaussian 분포 및 카이제곱검정

① 모든 동전에 대하여 작은 값부터 큰 값까지 정렬한 뒤, 이를 0.01 g 간격으로 정리한다.

② 전체에 대하여 평균, 중간값, 표준 편차를 구한다.

③ y_{calc}를 식을 이용하여 계산한 다음, 막대그래프 위에 그려 본다.

④ 실제 데이터가 Gaussian 분포를 따르는지 확인해 본다.
→ 카이제곱검정!!

⑤ 3 표준 편차 Limit를 구하고, 그보다 큰 값들은 제외한 후, 다시 카이제곱검정을 해 본다.

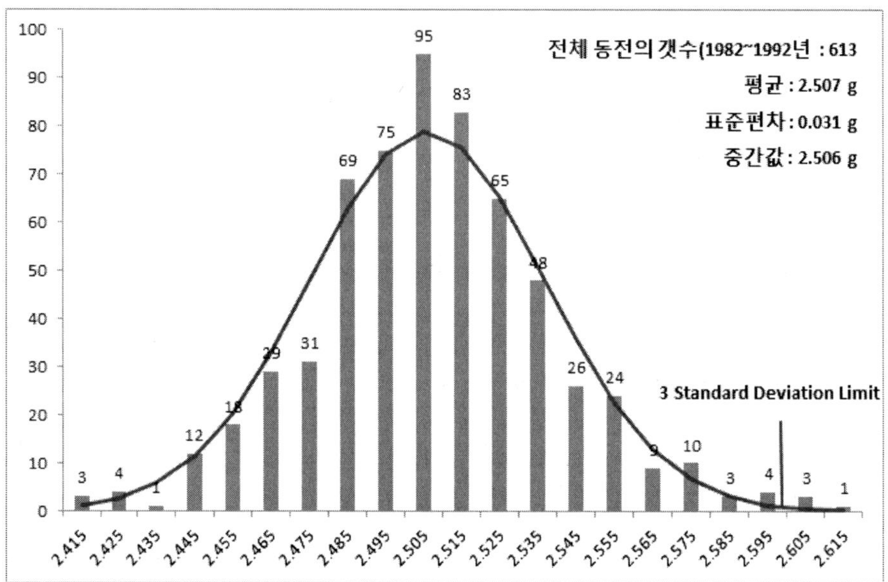

전체 동전의 갯수(1982~1992년 : 613
평균 : 2.507 g
표준편차 : 0.031 g
중간값 : 2.506 g
3 Standard Deviation Limit

실험 10 연속 변화법

* 실험목적

연속 변화법을 통해 염화 바륨과 인산암모늄 간의 결합 화합물의 화학식을 규명해 본다.

실험이론

연속 변화법이란 두 화합물의 결합 반응에서 각 반응물 간의 화학량론적 반응비를 결정하기 위해 이용되는 분석 방법이다. 이 분석 방법에서는 두 반응물의 개별적인 양을 연속적으로 변화시키는 한편, 두 물질의 총량은 일정하게 유지시키면서 각각 형성된 생성물의 농도에 따른 분석화학적 신호(흡광도, 발광도, 혹은 침전 질량 등 다양한 형태의 신호)를 관찰한다. 두 반응물 간의 몰분율 변화에 따른 반응 후 생성물의 분광학적 신호 세기는 화학량론이 일치되는 몰분율에서 최대 강도를 나타내고, 이 지점은 완전한 결합 생성물이 생성되기 위한 반응식에서의 화학량론에 해당한다. 따라서 연속 변화법을 통해 바륨의 몰분율에 대비하여 각각 얻어진 침전물의 질량을 그래프화하여 화합물의 화학식 및 화학량론을 결정할 수 있다.

염화 바륨($BaCl_2$)과 인산 암모늄(ammonium phosphate)의 침전 형성 반응을 통해 수용액 액성에 따른 착물 형성에서의 화학량론을 결정하는 실험을 수행한다. 염산 바륨은 인산암모늄과 반응하여 착염을 형성하는데, 수용액의 산성도에 따라 $Ba_3(PO_4)_2$ (barium phosphate), $BaHPO_4$(barium hydrogen phosphate), $Ba(H_2PO_4)_2$(barium dihydrogen phosphate)의 각각 세 가지 난용성 염이 각각 침전된다(반응식 (1)~(3)).

염기성 수용액: $3BaCl_2(aq) + 2(NH_4)_3PO_4(aq) \rightarrow Ba_3(PO_4)_2(s) + 6NH_4Cl(aq)$ (1)

중성 수용액: $BaCl_2(aq) + (NH_4)_2HPO_4(aq) \rightarrow BaHPO_4(s) + 2NH_4Cl(aq)$ (2)

산성 수용액: $BaCl_2(aq) + 2(NH_4)H_2PO_4(aq) \rightarrow Ba(H_2PO_4)_2(s) + 2NH_4Cl(aq)$ (3)

위 반응식들에서 각각 침전된 화합물은 인산기 음이온과 바륨 양이온의 서로 다른 화학량론적 비율로 구성되어 있고, 이는 반응이 진행되는 수용액의 산성도에 따라 다르다. 따라서 용액의 산성도에 따라 침전된 생성물 중 바륨의 몰분율이 아래와 같이 다르게 나타나게 된다.

염기성 수용액 침전물 $Ba_3(PO_4)_2$ 몰분율

$$X_{Ba} = \frac{3mol\ Ba^{2+}}{3mol\ Ba^{2+} + 2mol PO_4^{3-}} = 0.600$$

중성 수용액 침전물 $BaHPO_4$ 몰분율

$$X_{Ba} = \frac{1mol\ Ba^{2+}}{1mol\ Ba^{2+} + 1mol HPO_4^{2-}} = 0.500$$

산성 수용액 침전물 $Ba(H_2PO_4)_2$ 몰분율

$$X_{Ba} = \frac{1mol\ Ba^{2+}}{1mol\ Ba^{2+} + 2mol H_2PO_4^{1-}} = 0.333$$

실험 기구 및 시약

1 실험 기구

시험관(6개), 저울, 홀피펫, 스포이트, 가열 교반기, 유리 막대, 원심분리기, 50 mL 비커(3개)

2 시약

0.3 M 염화 바륨 수화물(barium chloride dihydrate, $BaCl_2 \cdot 2H_2O$), 0.3 M 인산암모늄 dibasic(ammonium phosphaste, dibasic, $(NH_4)_2HPO_4$), 진한 염산 수용액(HCl), 진한 암모니아 수용액(NH_3), 에탄올

실험 방법

① 0.3 M $BaCl_2$ 수용액과 0.3 M 인산 암모늄 수용액이 (pH가 다른 용액 A ~ C 중 하나) 들어 있는 30 mL 용액을 각각 하나씩 준비한다.

② 6개의 시험관에 1부터 6까지 번호를 매기고 무게를 잰다.

③ 홀 피펫을 사용하여 각각의 시험관에 1, 2, 3, 4, 5, 6 mL의 $BaCl_2$ 용액을 넣고 각 시험관의 부피가 총 7 mL가 되도록 인산 암모늄 용액을 채워 넣는다.

④ 이 혼합물들의 반응을 원활하게 진행하기 위해 15분간 가열 교반기에 올려놓고 천천히 열을 가하며 유리 막대로 교반한다.

⑤ 침전물이 형성되어 있는 시험관을 원심분리하고 상층액을 버린다.

⑥ 남아 있는 침전물을 물, 95% 에탄올로 우선 세척하고, 매번 원심분리한다.

⑦ 다시 마지막으로 남은 상층액을 버리고 시험관을 비커에 넣고 120℃ 오븐에서 건조하여 침전물만을 남긴다.

⑧ 침전물을 포함하는 시험관(건조되고 다시 냉각된)의 무게를 다시 측정한다.

Tube Number	Volume of 0.3 M $BaCl_2$ (mL)	Volume of 0.3 M $(NH_4)_2HPO_4$ (mL)
1	1.00	6.00
2	2.00	5.00
3	3.00	4.00
4	4.00	3.00
5	5.00	2.00
6	6.00	1.00

결과 처리

1. $(NH_4)_2HPO_4$의 농도 ________ M
2. $BaCl_2(aq)$의 농도 ________ M
3. 결과 처리표

시험관 번호	시험관 질량(g)	시험관 침전물 질량(g)	침전물 질량(g)	$BaCl_2$ 부피(mL)	$(NH_4)_2HPO_4$ 부피(mL)	시험관 Ba 몰수(mol)	시험관 PO_4 몰수 (mol)	Ba의 몰분율
1				1.00	6.00			
2				2.00	5.00			
4				4.00	3.00			
5				5.00	2.00			
6				6.00	1.00			

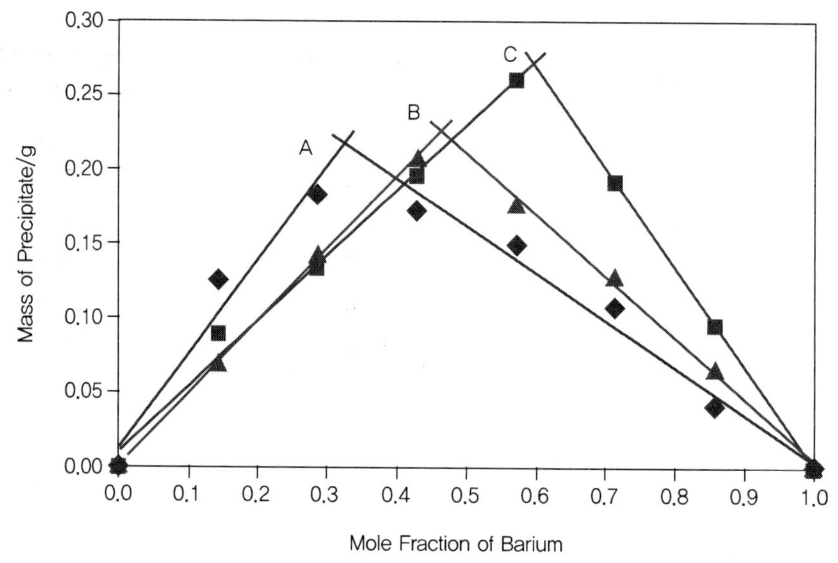

Figure 1. 염화 바륨과 인산 암모늄 간의 결합 반응에 의한 연속 변화도: (A) 산성 조건, (B) 중성 조건, (C) 염기성 조건.

분석 및 토의

1. 실험을 통해 얻은 그래프에서 침전물의 질량, X_{Ba} 값을 수용액의 산성도에 따른 값과 비교했을 때 가장 가까운 수용액은 무엇인가?
2. 미지 시료의 화합물의 형태는 무엇으로 추정되는가?
3. 각 시험관의 한계 반응물은 무엇인가?

시험관 번호	한계 반응물
1	
2	
3	
4	
5	
6	

실험 11 염산 표준 용액 제조, 암모니아수의 정량

* 실험목적

진한 염산을 묽혀 원하는 농도의 용액을 만든 다음 Na_2CO_3의 일차 표준물로 염산을 표정하여 정확한 농도를 알고 지시약을 이용해 미지 시료를 적정하고 미지 시료의 농도를 구한다.

실험이론

일차 표준 물질은 순도가 높고 용액을 만들었을 시 무게 오차가 적어 예상한 농도와 거의 동일한 농도의 용액을 만들 수 있는 물질을 말한다. 산의 대표적 일차 표준 물질은 KHP, N_2H_4, C_6H_5COOH 등이 있으며, 염기의 대표적 일차 표준 물질은 Na_2CO_3, $NaHCO_3$, $Na_2C_2O_4$ 등이 있다. 일차 표준 물질이 갖춰야 할 조건은 아래와 같다.

① 순수한 상태로 얻을 수 있으며 정제가 쉽고 일정 조성을 갖는 것.
② 가열 건조 시 안정하며 가급적 결정수가 없는 것.
③ 흡습성이나 조해성이 없고, 공기 중에서 CO_2를 흡수하거나 O_2와 반응, 햇빛에 의해 변하지 않아 보존하기 쉬운 것.
④ 당량이나 분자량이 커서 질량을 잴 때 상대 오차가 작은 것.

이차 표준 물질은 일차 표준 물질의 범주에 맞지 않는 시약을 말한다. 화합물이 수화되는 경우 건조 후에도 원래 상태를 알기 어렵기 때문에 이차 표준 물질이 된다. 이차 표준 물질로 만든 표준 용액의 농도는 일차 시약에 대하여 상대적으로 측정한다. 적정에 사용되는 용액은 표준 용액으로 이미 정확한 농도를 알고 있기 때문에, 다른 미지 시료 용액 속에 있는 어떤 물질의 농도를 구할 때에 기준 용액으로 사용된다. 표준화란 일차 표준 물질(primary standard)로 적정하여 만든 용액의 농도를 구하는 과정을 말한다. 이 과정에서는 적정제(적정 시약)로 사용하고자 만든 용액이 분석해야 할 물질이 된다.

중화 적정법은 산이나 염기의 농도를 모를 때 농도를 알고 있는 염기나 산을 이용하여 용액이 중성으로 될 때까지 가한 용액의 양을 측정하여 다른 용액의 농도를 알아낼 수 있는 방법이다. 산·염기 중화 적정에서 표준 용액에 가해준 산이나 염기의 부피에 따른 용액의 pH 변화를 나타낸 곡선을 중화 적정 곡선이라고 하고 이 곡선은 중화시키는 물질과 중화되는 물질의 강·약과 산·염기에 따라 그 형태가 달라진다. 그래프 형태에 따라 중화 여부를 판별하는 지시약의 종류를 선택해야 한다. 강산을 강염기로 적정하면 pH 4~10에서 급격히 변화하는데 이때는 페놀프탈레인 또는 메틸오렌지 지시약을 사용할 수 있다. 약산을 강염기로 적정했을 때 중화점이 pH 7 이상으로 나타나며, 페놀프탈레인을 사용한다. 강산을 약염기로 적정하면 중화점이 pH 7 이하이며, 메틸오렌지 지시약을 사용한다. 약산을 약염기로 적정할 때에는 순간적인 변화로 그래프로는 알기 힘들기 때문에 pH 미터기를 사용한다. 적정에서의 당량점(equivalence point)은 용량분석에서 시료와 표준액이 화학량론적으로 당량이 되는 이론적 값을 말하며, 종말점(end point)은 적정에서 어떠한 지시법에 의해 시료에 대한 적정제가 당량 첨가되어 있다고 판정되는 실험적 값을 말한다.

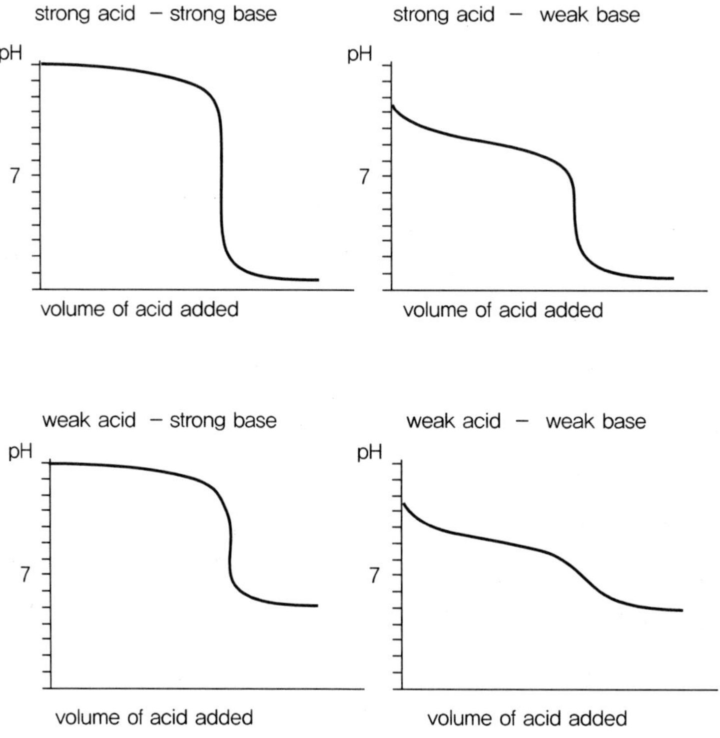

실험 기구 및 시약

1 실험 기구

부피 플라스크(250 mL, 100 mL), 뷰렛, 삼각 플라스크(3개), 눈금 실린더 50 mL, 가열 교반기, 마그네틱 바

2 실험 시약

0.1 M HCl, 0.1 M Na_2CO_3, bromocresol green[pH 3.8(노랑) - pH 5.4(파랑)], phenolphthalein[pH 8.3(무색) - pH 10.0(진분홍)], Methyl orange[pH 3.1(빨강) - pH 4.4(주황)], NH_4OH

실험 방법

◆ HCl 용액 제조와 Na_2CO_3을 이용한 HCl 용액 표준화

① 0.1 M의 HCl 표준 용액을 제조한다(250 mL).
② Na_2CO_3 약 0.2 g을 0.1 mg까지 정확히 측정하여 100 mL 용액에 녹인다.
③ ①번에서 만든 HCl 표준 용액을 2 ~ 3 mL 정도씩 사용하여 깨끗한 뷰렛에 2번 정도 씻고 용액을 채운다.
④ ②에서 만든 Na_2CO_3 용액을 삼각 플라스크 3개에 20 mL씩 각각 옮겨 담은 후 bromocresol green 지시약을 2 ~ 3방울 첨가하여 HCl 표준 용액으로 적정한다.
⑤ 5분 정도 끓이고 식힌 후 다시 HCl 용액으로 적정하면서 선명한 색으로 변할 때까지 적정을 한다.
⑥ HCl의 표준 농도를 구한다.

◆ NH_4OH 용액 농도 결정

① 제조된 미지 농도의 NH_4OH 용액을 0.1 M HCl 표준 용액을 사용하여 위와 같은 방법으로 적정을 한다. (20 mL씩 3번 실험) - 지시약 메틸오렌지 2 ~ 3방울 첨가
② NH_4OH 용액의 농도를 구한다.

결과 처리

HCl 용액 제조와 Na_2CO_3을 이용한 HCl 용액 표준화

반응식: $Na_2CO_3 + 2HCl \rightarrow H_2O + CO_2 + 2NaCl$

횟수	Na_2CO_3 몰수(mole)	적가한 HCl의 총량(mL)	HCl 표준 용액 몰농도(M)
1			
2			
3			

① HCl 표준 용액의 몰농도의 평균

② 계산된 HCl의 몰농도와 이론과의 오차율

NH_4OH 용액 농도 결정

횟수	적가한 HCl의 양(mL)	미지 시료의 몰농도(M)
1		
2		
3		

① 미지 시료의 몰농도 평균

② 표준편차

실험 12 EDTA 표준 용액 제조, 마그네슘의 정량, 역적정법에 의한 니켈의 정량

* 실험목적

EDTA 표준 용액을 제조한 다음 EDTA 표준 용액으로 마그네슘을 적정하고, 역적정법에 의해 니켈을 정량한다.

실험이론

대부분의 금속 이온은 분자 또는 음이온 화학종이 주는 전자쌍을 받아 배위 결합하여 착물 또는 배위 화합물을 만든다. 이때 전자쌍을 제공하는 화합물을 리간드(ligand)라고 한다. 리간드로 작용할 수 있는 화학종은 전기 음성도가 큰 N, O, S 및 할로젠화 이온과 같은 원자들을 포함하며, 반드시 전자쌍을 제공할 수 있는 중성분자 또는 음이온이어야 한다.

금속 이온과 결합할 때 에틸렌다이아민이나 EDTA와 같이 배위 결합할 수 있는 자리를 2개 이상 가지고 있는 리간드를 킬레이트제(chelating agent) 또는 킬레이트 리간드라고 하고 킬레이트제로 이루어진 착물을 킬레이트 화합물이라고 한다. 두 자리 리간드는 두 개의 한 자리 리간드보다 더 강한 착물을 형성한다.

EDTA(Ethylenediamine tetraacetic acid)는 분석화학에서 가장 널리 이용되는 킬레이트제이며, 이것은 금속 이온과 1:1 착물을 형성한다. 무색의 결정성 분말로 거의 모든 금속 이온과 안정한 수용성 킬레이트를 만든다. 흔히 리간드 4 ~ 6자리로서 배위한다. EDTA는 아래와 같은 구조를 가지며, H_4Y로 표시되는 다양성자산이다. 이런 형태는 물에 난용성이므로 보통 알칼리 용액에 녹인다. 실험실에서는 보통 물에 잘 녹는 소듐염, $Na_2H_2Y \cdot 2H_2C$를 사용한다. EDTA의 네 단계 이온화에 대한 단계별 평형 상수는 다음과 같다.

$$H_4Y = H + H_2Y^- \quad (k_1 = 1.00 \times 10^{-2})$$

$$H_3Y^{-} = H + H_2Y^{2-} \quad (k_2 = 2.16 \times 10^{-3})$$

$$H_2Y^{2-} = H + HY^{3-} \quad (k_3 = 6.92 \times 10^{-7})$$

$$HY^{3-} = H + Y^{4-} \quad (k_4 = 5.50 \times 10^{-2})$$

$$C_{EDTA} = [H_4Y] + [H_3Y^{-}] + [H_2Y^{2-}] + [HY^{3-}] + [Y^{4-}]$$

EDTA 적정 종류에는 직접 적정, 치환 적정, 간접 적정, 역적정이 있는데 그 특징은 아래와 같다.

① 직접 적정: 분석용액을 EDTA 표준 용액으로 직접 가하여 적정한다. 반응의 당량점을 금속 지시약 등을 통해 알 수 있다.

② 치환 적정: 일반적인 적정법으로 금속을 검출하기 힘들 때 사용하는 적정법으로 일반적으로 과량의 $Mg(EDTA)^{2-}$를 가하여 Mg^{2+}를 분석 물질로 치환시킨 후 유리된 Mg^{2+}를 EDTA 표준 용액으로 적정한다.

③ 간접 적정: 특정 금속 이온과 침전물을 형성하는 음이온을 적정할 때 사용한다.

④ 역적정: 지시약과 금속 이온의 결합력이 더 셀 때, 반응속도가 느릴 때, 적절한 지시약의 부재 시 사용하는 적정법이다. 금속 이온 중 CO^{2+}, Al^{3+}, Fe^{3+}, Ti^{4+}, Ni^{2+} 및 백금족 이온 등은 EBT와 반응하여 대단히 안정한 착물을 만들고, 여기에 EDTA를 반응시켜도 EBT 지시약을 유리시키기 어렵다. 그러므로 이들 양이온은 EBT를 지시약으로 사용하여 EDTA로 직접 적정할 수가 없다. 이러한 이온들을 블로킹 이온(blocking ion)이라고 한다. 이와 같은 경우에 일정량의 EDTA 표준 용액을 금속 시료 용액에 과량으로 가하여 반응시키고, 남은 EDTA를 EBT 지시약을 사용하여 Zn^{2+}, Mg^{2+}의 표준 용액으로 적정하여 금속 시료의 농도를 알아내는 것을 역적정이라고 한다. 이 경우에 지시약의 푸른색이 Zn^{2+}, Mg^{2+}의 EBT 착물인 붉은색으로 변할 때가 종말점이다.

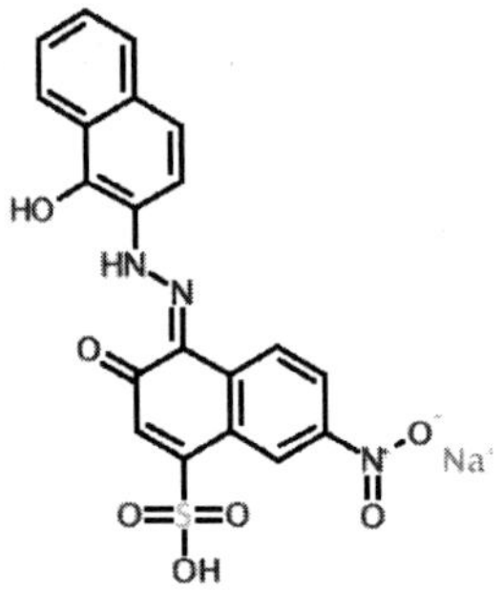

HO HN N O N O⁻ Na⁺ O O=S=O OH

EBT(eriochrome black T) 지시약은 금속 지시약으로 분말 형태로 존재하며 검정색에 금속 특유의 광택이 난다. 삼염기산이기 때문에 H_3In과 같이 표현할 수 있는데 $-SO_3H$기는 강산으로 작용하고 두 개의 수소는 다음과 같은 이온화 상수를 갖는다.

① H_2In^- (붉은색) ↔ H^+ + HIn^{2-} (푸른색) $pK_2=6.3$
② HIn^{2-} (푸른색) ↔ H^+ + In^{3-} (주황색) $pK_3=11.55$

즉 pH 6 이하에서는 붉은색을 띠고, pH 7 ~ 11에는 주로 푸른색을, 그리고 pH 12 이상에서는 주황색을 띤다. 그런데 금속 이온과 반응하면 1:1의 안정한 배위 결합을 형성하고 붉은색을 나타내게 된다. 이 지시약은 pH 6.5 이하와 12 이상에서는 지시약의 색과 그 금속 착물의 색이 비슷하므로 지시약으로 사용할 수 없으며 pH 7과 11 사이에서는 EBT 지시약의 금속 착화합물의 색은 붉은색을 띠고 지시약은 푸른색을 띠기 때문에 일반적으로 이 범위에서 사용한다.

실험 기구 및 시약

1 실험 기구

부피 플라스크(100 mL, 250 mL), 뷰렛, 피펫, 삼각 플라스크(3개), 스탠드, 클램프, 가열 교반기, 마그네틱 바, 마스크

2 시약

Magnesium nitrate, Disodiumethylene, Carcium carbonate, diaminetetraacetic acid, Nickel nitrate, hexahydrate, EBT(Eriochrome Black T) 지시약, pH 10 암모늄 완충 용액

실험 방법

◆ 0.05 M EDTA 표준 용액 제조

① 0.05 M Na_2EDTA 용액 250 mL를 제조한다.
② $CaCO_3$ 약 0.50 g을 정확히 측량하고 1 M HCl 20 mL에 넣어 온도를 가하여 용해

시킨 뒤, 기체의 발생이 끝나면 냉각하고 증류수를 채워 Ca 표준 용액 250 mL를 만든다.

③ 3개의 플라스크에 Ca 표준 용액 25 mL와 증류수 25 mL를 넣어 50 mL로 만들고 암모늄 완충 용액(pH 10) 1 mL, EBT(Eriochrome Black T) 3 ~ 5방울을 가한다.

④ ①에서 제조한 용액으로 적정하여 붉은색의 용액이 푸른색이 되는 점을 종말점으로 하고 농도를 결정한다.

◆ 마그네슘의 정량

① 0.05 M $Mg(NO_3)_2 \cdot 6H_2O$ 용액을 250 mL 제조한다.

② 3개의 삼각 플라스크에 각각 Mg^{2+} 용액 10 mL와 암모늄 완충 용액(pH 10) 용액 5 mL와 증류수 25 mL를 넣는다(총 40 mL).

③ 3개의 삼각 플라스크에 지시약 EBT를 2 ~ 3방울 넣는다.

④ EDTA 표준 용액으로 적정한다.

⑤ 3회 반복하여 측정 후, Mg 표준 용액의 정확한 농도를 결정한다.

◆ 역적정법에 의한 니켈의 정량

① 0.01 – 0.05 M $Ni(NO_3)_2 \cdot 6H_2O$ 미지 시료 100 mL를 제조한다.

② 0.05 M $Mg(NO_3)_2 \cdot 6H_2O$ 표준 용액 250 mL를 제조한다.

③ 3개의 삼각 플라스크에 각각 Ni^{2+} 용액 10 mL와 0.5 M pH 10 완충용액 5 mL와 증류수 10 mL와 EDTA 20 mL를 넣는다.

④ EBT 지시약 2 ~ 3방울을 가한 후 $Mg(NO_3)_2 \cdot 6H_2O$ 표준 용액으로 역적정을 한다.

⑤ 미지 시료에서 Ni^{2+} 농도를 구한다.

결과 처리

◆ EDTA 표준 용액

횟수	$CaCO_3$ 몰농도(M)	적가한 EDTA 부피(mL)	EDTA 표준 용액 몰농도(M)
1			
2			
3			

◆ 마그네슘의 정량

횟수	적가한 EDTA 부피(mL)	Mg^{2+} 용액 몰농도(M)
1		
2		
3		

① 이론상의 Mg^{2+} 몰농도

② 실험상의 Mg^{2+} 몰농도 평균

③ 오차율

◆ 역적정을 이용한 니켈의 정량

횟수	적가한 Mg^{2+} 표준 용액의 부피(mL)	미지 용액의 몰수(mol)	미지 용액의 몰농도(M)
1			
2			
3			

① EDTA 농도

② Mg^{2+} 농도

③ 넣어준 EDTA의 부피

④ 미지 시료의 부피

⑤ 미지 용액의 평균 몰농도(M)

분석 및 토의

1. $CaCO_3$를 HCl에 넣고 가열하는 이유는 무엇인가?
2. 역적정을 하는 이유는 무엇인가?
3. 지시약을 먼저 넣지 않고 적정 직전에 넣는 이유는 무엇인가?
4. Na_2 EDTA를 사용하여 EDTA 용액을 만드는 이유는 무엇인가?
5. pH 10 완충 용액을 첨가하는 이유는 무엇인가?

실험 13 산화·환원 적정법

* 실험목적

과망가니즈산 포타슘을 물에 녹여 원하는 농도의 용액을 만들고, 이 용액을 옥살산을 사용하여 표정한다. 완전히 환원된 Fe(Ⅲ) 용액을 환원시켜 과망가니즈산 표준 용액으로 적정하여 Fe을 정량 한다.

실험이론

과망가니즈산 포타슘($KMnO_4$)은 공기 중에서는 안정하고 물에 잘 녹는다. 이를 200℃로 가열하면 산소가 발생되며 망가니즈산 포타슘과 이산화 망가니즈가 되고, 다시 삼이산화 망가니즈가 된다. 또 진한 용액에 강한 알칼리 용액을 작용시켜도 산소가 발생되며, 망가니즈산 포타슘 용액이 되어 녹색으로 변한다. 염산과 반응하여 염소를 발생하고, 진한 황산에 의하여 폭발하기 쉬우므로 위험하다. 망가니즈산 포타슘을 염소 또는 이산화 탄소로 산화시키거나, 격막을 써서 전기 분해하여 양극에 생긴 용액을 농축하여 냉각시키면 결정으로서 과망가니즈산 포타슘이 얻어진다. 주로 산화제로 쓰이는데, 용액의 산성·중성 알칼리성에 따라 산화하는 형태가 달라지며, 산성인 경우가 산화력이 강하여 응용 범위도 넓다.

모어 염(Mohr 염)은 황산철(II) 암모늄의 6수염으로 화학식 $(NH_4)_2Fe(SO_4)_2 \cdot 6H_2O$을 가지며, 다른 철염(II)에 비해 산소에 의한 산화에 안정하기 때문에 철염(III)의 표준 용액으로서 모어염의 수용액이 자주 사용된다. 다만, 망가니즈·아연·니켈 등의 불순물을 함유하는 경우가 많다.

산화-환원(Oxidation-reduction) 반응을 간단하게 표로 나타내면 아래와 같다.

	산화(Oxidation)	환원(Reduction)
산소	산소와 결합	산소를 잃음
수소	수소를 잃음	수소를 얻음
전자	전자를 잃음	전자를 얻음

산화제(oxidizing agent)는 산화가 일어나는 것을 야기시키는 물질로 자신은 환원되고, 다른 물질은 산화시키는 물질이다. 산화제는 전자를 얻으려는 성질이 클수록 강한 산화제이며, 산화수가 높은 금속이나 비금속 원자를 가진 화합물이다. 같은 원자가 여러 가지 산화수를 가질 경우, 산화수가 가장 큰 원자를 가진 화합물이 가장 강한 산화제이다. 환원제(reducting agent)는 반대로 환원이 일어나는 것을 야기시키는 물질로 자신은 산화되고, 다른 물질은 환원시키는 물질이다. 전자를 내놓는 성질이 클수록 강한 환원제이고, 산화수가 낮은 금속이나 비금속 원자를 가진 화합물이다. 한 원소가 여러 가지 산화수를 가질 경우, 산화수가 작을수록 강한 환원제이다.

산화제 또는 환원제의 표준 용액을 써서 시료 물질을 완전히 산화 또는 환원시키는데 소모된 양을 측정하여 시료 물질을 정량하는 부피 분석법의 하나가 산화-환원 적정이다. 산화 환원 적정의 종류로는 과망가니즈산 적정법, 다이크로뮴산 포타슘 적정법, 아이오딘 적정법이 있다. 이 실험에서 사용하는 과망가니즈산 적정법은 과망가니즈산 포타슘($KMnO_4$) 표준 용액을 이용하는 산화 적정법이다. 농도를 알고 있는 과망가니즈산 포타슘 수용액을 철(II) 이온이나 유기 화합물 등의 환원성 물질을 함유하고 있는 시료 용액에 첨가하면, 환원성 물질의 양만큼 과망가니즈산 포타슘이 소비되고, 조금이라도 과잉 첨가하면 수용액은 망가니즈산 이온의 옅은 보랏빛을 띤다. 따라서 과망가니즈산 포타슘 수용액의 농도와 소비된 부피로부터 시료 용액 속의 환원성 물질의 양을 계산할 수 있다. 실험의 반응식은 아래와 같다.

1. $KMnO_4$와 $Na_2C_2O_2$의 반응식

$$2KMnO_4 + 5Na_2C_2O_4 + 8H_2SO_4 \rightleftarrows K_2SO_4 + 2MnSO_4 + 10CO_2 + 8H_2O$$

2. $KMnO_4$와 Mohr 염의 반응식

$$2KMnO_4 + 10FeSO4 \cdot (NH_4)_2SO_4 \cdot 6H_2O + 8H_2SO_4 \rightleftarrows$$
$$K_2SO_4 + 2MnSO_4 + 5Fe_2(SO_4)_3 + 10(NH_4)_2SO_4 + 68H_2O$$

실험 기구 및 시약

1 실험 기구

250 mL, 100 mL 부피 플라스크, 삼각 플라스크(3개), 25 mL 뷰렛, 스탠드, 클램프, 가열 교반기, 마그네틱 바, 마스크

2 시약

과망가니즈산 포타슘, 옥살산 소듐, 황산, Ammoniumferrous sulfate(Mohr 염)

실험 방법

◆ $KMnO_4$용액을 $Na_2C_2O_4$로 표정

① $Na_2C_2O_4$ 약 0.1 g을 0.1 mL까지 정확하게 칭량한다.

② 증류수 50 mL에 녹인다.

③ H_2SO_4(1:1) 5 mL를 넣어준다.

④ 항온조에서 60 ~ 70℃로 유지하며 $KMnO_4$ 용액으로 적정한다(무색 → 붉은색).

⑤ 3회 반복한다.

◆ Fe(Ⅲ)를 환원시켜 과망가니즈산 표준 용액으로 적정

① 0.5 g의 Mohr 염을 0.1 mg까지 정확하게 칭량한다.

② 증류수 25 mL에 녹인다.

③ H_2SO_4(1:1) 5 mL를 가한다.

④ $KMnO_4$ 용액으로 적정한다.

⑤ 3회 반복한다.

결과 처리

◆ $KMnO_4$ 용액을 $Na_2C_2O_4$로 표정

① $KMnO_4$ 용액의 이론 몰농도(M)

② $KMnO_4$ 실험 평균 몰농도(M)

③ 오차율

횟수	$Na_2C_2O_4$ 용액 몰농도(M)	적가한 $KMnO_4$ 양(mL)	$KMnO_4$ 용액 몰농도(M)
1			
2			
3			

◆ Fe(Ⅲ)를 환원시켜 과망가니즈산 표준 용액으로 적정

① Mohr 염의 이론 몰농도(M) (M.w = 392.14 g/mol)

② Mohr 염의 실험 평균 몰농도(M) = Fe^{2+}의 농도(M)

③ Mohr 염의 Fe^{2+} 함량

④ 오차율

횟수	Mohr 염의 질량(g)	적가한 $KMnO_4$ 양(mL)	Mohr 염의 몰농도(M)
1			
2			
3			

분석 및 토의

Zimmermann-Reinhardt 용액을 첨가하게 되면 Cl^- 이온의 산화가 일어나지 않는다. 이유가 무엇인지 생각해 보자.

실험 14 전기 전도도법

* 실험목적

기기 분석법 중에서 전기분석법에 해당하는 전기 전도도법을 이용하여 산-염기 적정을 하면서 적정용액의 전기저항을 측정하고, 전기 전도도로 환산하여 적정 곡선을 그려 보는 실험을 한다.

실험이론

전기 전도도법이란 정량 분석 중 기기 분석의 전기 분석법에 해당하는 방법으로, 시료 용액의 전기 전도도를 측정하여 시료 용액의 농도를 정량 분석하는 실험 방법이다. 적정 과정 중에 전기 전도도를 측정하여 적정의 종말점을 확인할 수 있다. 전기 전도도법의 장점은 매우 묽은 용액을 적정할 수 있고, 적정물과 분석물 사이에 반응이 완전하게 일어나지 않는 계에도 적용할 수 있으며 간단하고 감도가 좋다. 그러나 물과 전해질 이성분 혼합물의 분석과 전체 전해질 농도를 측정하는 분석만 가능하며 전해질의 전체 농도가 증가하면 정확도가 떨어지고 산-염기 또는 침전법 적정 등 몇 가지 경우에만 이용할 수 있다는 단점을 가지고 있다. 용액의 전기 전도도를 결정하는 주요 요인으로는 용질의 농도, 이온의 크기, 온도 등이 있다.

전기 전도도법에서 측정하는 전기 전도도란 물질이나 용액이 전류를 운반할 수 있는 정도를 말하며, 용액 중의 이온 세기를 신속하게 평가할 수 있는 지표로서 전기서항의 역수(Ω^{-1})로 나타내나 현재는 국제적으로 S(Siemens) 단위가 통용되고 있다. 전기 전도도의 SI 단위는 $m^{-2}Kg^{-1}s^3A^2$이다.

전기 전도도는 저항의 역수이므로 전해질 용액에 전류를 통하여 줄 때 Ohm의 법칙(V=IR)을 이용하여 저항을 측정하면 된다. 전기저항 측정에 흔히 쓰이는 장치는 휘트스톤 브리지(Wheatstone bridge)이다. 휘트스톤 브리지는 다리 회로의 한 종류로 4개의 저항이 사각형의 형태를 이루며, 대각선을 연결하는 다리로 저항이나 전압계, 검류계를 사용한다. 일반적으로 알려지지 않은 저항값을 측정하기 위해서 사용하는데, 전기 전도도법 실험에서는 미지 시료의 저항값을 측정하기 위해 사용된다. 휘트스톤 브리지는 아래의 그림과 같은 형태로 되어 있으며, 미지 저항 x의 저항은 다음과 같은 관계가 성립된다.

$$\frac{Q}{P} = \frac{x}{R} \therefore x = \frac{QR}{P}$$

그러므로 용액의 전기 전도도 S는 다음과 같다.

$$S = \frac{1}{x} = \frac{P}{QR}$$

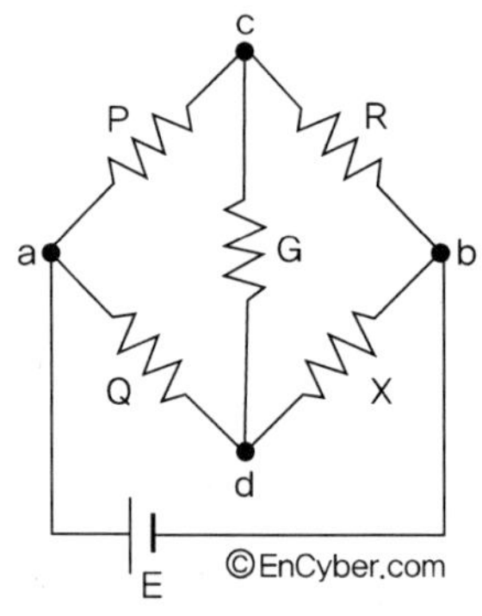

전기 전도도법은 적정 반응의 종말점의 결정에 사용되는 것 이외에 물의 순도 측정, 약전해질의 해리도, 난용성 염의 용해도 측정 등에 이용되고 최근에는 액체 크로마토그래피의 검출기로서 사용되고 있다. 강산과 강염기의 산-염기 적정을 할 때, 산의 H^+는 용액에 가해진 염기의 OH^-에 의해 제거되며, 중화점에 도달할 때까지 전도도는 천천히 감소하다가 중화점을 지나 가해지는 OH^-에 의해 전도도가 증가하게 된다. 당량점 부근을 제외하고는 전도도와 적가한 염기의 부피 사이에 분명한 직선관계가 성립하는데, 당량점의 전후에서 2~3번씩 측정하면 종말점을 검출할 수 있다. HCl과 NaOH의 적정의 경우 당량점 후에 NaOH에 의해 급격히 증가하는 전기 전도도를 통해서 종말점이 결정된다. 강산이나 강염기를 적정하는 동안 전도도의 변화 백분율은 용액의 농도와 무관하고 같게 나타나므로 매우 묽은 용액도 진한 용액과 같은 정도로 정확히 분석할 수 있다는 장점을 가지고 있다.

실험 기구 및 시약

1 실험기구

100 mL 부피 플라스크, 250 mL 부피 플라스크, 뷰렛, 마그네틱 바, 250 mL 비커, 100 mL 비커, 100 mL 눈금 실린더, pH 미터, 스포이트

2 시약

Potassium Hydrogen Phthalate, pH 4 완충 용액, pH 7 완충 용액, pH 10 완충 용액, 페놀프탈레인 지시약, NaOH

실험 방법

① 250 mL 비커에 0.1 M HCl 50 mL를 넣고 전기 전도도 측정 장치를 설치한다.
② 100 mL 부피 플라스크에 1 M NaOH 용액을 제조한다.
③ 제조한 1 M NaOH 용액을 0.1 M HCl에 1 mL씩 적가하면서 전기 전도도를 측정한다.
④ 10 mL까지 적가를 계속하면서 측정한다.
⑤ 전기 전도도와 적가 부피(mL)에 대하여 적정 곡선을 그린다.
⑥ 같은 실험 방법으로 0.01 M HCl 50 mL를 0.1 M NaOH로 적정하여 실험한다.

결과 처리

0.1 M HCl을 1 M NaOH로 적정

① 이론적인 당량점:

② NaOH 적가량에 따른 전기 전도도(S)와 저항(R) 표

③ 전기 전도도 적정 곡선과 이를 통한 종말점

④ 저항 적정 곡선과 이를 통한 종말점

⑤ 오차율

NaOH 적가량(mL)	0 mL	1 mL	2 mL	3 mL	4 mL	5 mL	6 mL	7 mL	8 mL	9 mL	10 mL
전기 전도도(S)											
저항 (R)											

0.01 M HCl을 0.1 M NaOH로 적정

① 이론적인 당량점:

② NaOH 적가량에 따른 전기 전도도(S)와 저항(R) 표

③ 전기 전도도 적정 곡선과 이를 통한 종말점

④ 저항 적정 곡선과 이를 통한 종말점

⑤ 오차율

NaOH 적가량(mL)	0 mL	1 mL	2 mL	3 mL	4 mL	5 mL	6 mL	7 mL	8 mL	9 mL	10 mL
전기 전도도(S)											
저항 (R)											

실험 15 흡광도

* 실험목적

β-카로틴 표준 용액을 만들어 분광 광도계로 452 nm 파장에서 흡광도의 검정선을 작성하고, 베르-람베르트 법칙에 대하여 이해한다.

실험이론

기기 분석법에는 분광화학 분석, 전기화학 분석, 분리 분석 등의 분석 방법이 있다. 이 중 흡광 분석법은 시료 물질의 용액에 빛(보통 200 ~ 800 nm)을 쪼여 흡수 스펙트럼을 측정해 흡수 감도를 측정하고, 이를 이용해 시료 물질을 정량한다. 즉 흡수 주대의 위치 및 형태를 통해 정성 분석을 하는 것이다. 전자기 복사선을 이용하는 것으로 전자기 복사선은 음향과 달리 매질이 필요 없고 진공에서도 쉽게 통과가 가능하다. 복사선의 파장과 주파수의 관계는 아래와 같다.

$$c = \gamma\lambda \cong 3.0 \times 10^{10} cm/\sec \qquad (c = \text{진공에서 복사선의 속도})$$

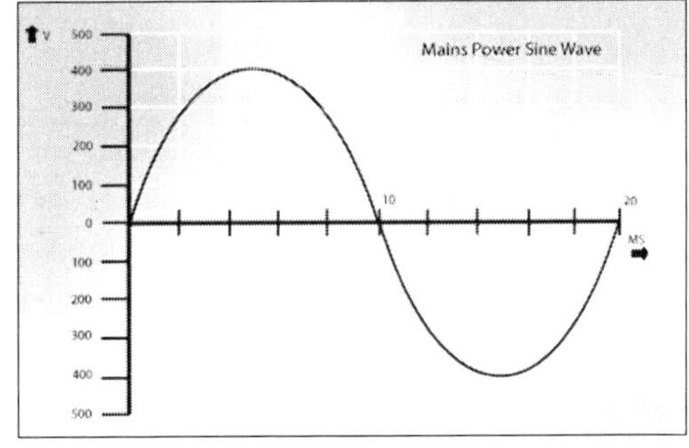

[복사선의 파장(wavelength)과 주파수(frequence)]

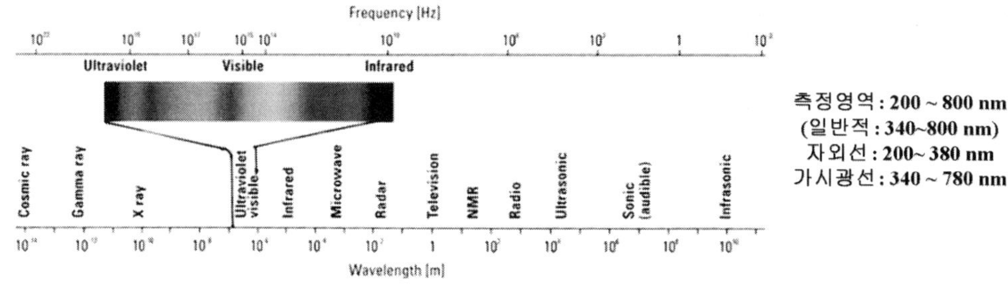

[복사선의 측정 영역(스펙트럼)]

UV 흡광기는 광원, 시료 용기, 파장 선택기, 복사선 검출기로 이루어져 있다. 광원은 넓은 파장 범위에 걸쳐 세기가 일정한 자외선 광원으로 일반적으로 (중)수소 방전관을 사용한다. 시료 용기는 셀(cell) 또는 큐벳(cuvette)이라고 하며 석영셀, 유리셀, 플라스틱셀이 있다. 파장 선택기의 경우 자외선 혹은 가시선 영역의 파장을 좁은 띠형을 갖는 파장으로 분리시키는 역할을 한다. 일반적으로 단색화 장치 또는 광학 필터를 사용한다. 복사선 검출기는 광신호를 전기신호로 바꾸어 주는 역할을 한다.

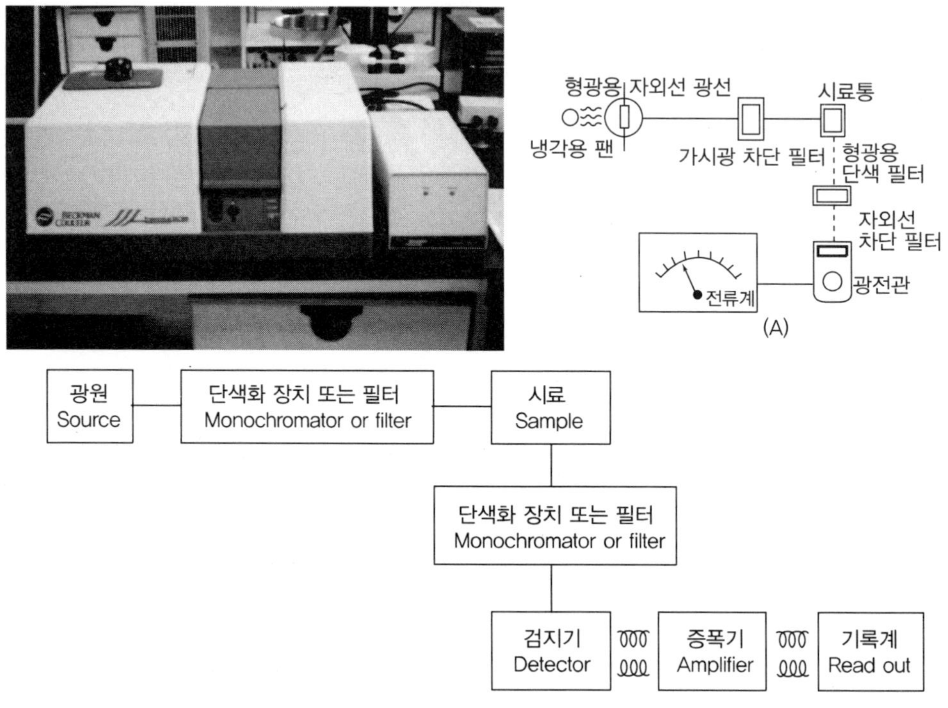

Beer−Lambert 법칙은 투과도, 농도 및 광 경로 길이와의 관계이며, $A = -\log T = \epsilon bc$ (ϵ = 몰흡광 계수, b = 큐벳의 단면길이, c = 몰농도)식에 성립한다. 이는 Beer

의 법칙과 Lambert 법칙을 합친 것으로 Beer-Lambert 법칙의 한계는 다음과 같다.

① 결과가 선형적이지 않는다.
② 높은 농도에서 용질 분자가 다른 분자에 영향을 준다(분자 간의 거리가 너무 가까워져서).
③ 분석물의 성질이 용매에 따라 달라진다.
④ 기계의 전기적 노이즈(noise)가 있다.
⑤ 큐벳(cuvet) 위치를 계속 재현성 있게 둘 수 없다(먼지, 지문 등).

실험에서 β-카로틴은 푸른색 파장을 흡수하고 오렌지색 파장을 방출하는 물질로 구조는 아래와 같다.

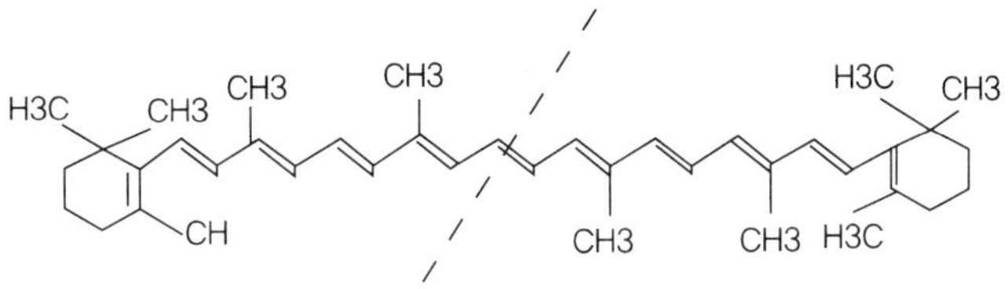

실험 기구 및 시약

1 실험기구

분광 분석기, 100 mL 부피 플라스크, 50 mL 비커, 큐벳, 눈금 실린더, 스포이트

2 시약

0.1 M β-카로틴 표준 용액

실험 방법

① 0.1 M β-카로틴 표준 용액을 제조한다(100 mL).
② Blank 용액으로 바탕 보정한다.
③ 위 표준 용액 25 mL를 취하여 비커에 담고, 증류수로 희석하여 50 mL로 만든 뒤

흡광도를 측정한다. 희석된 용액 25 mL를 다시 취하여 50 mL로 희석한 뒤 흡광도를 측정한다(2번 반복하여 흡광도를 측정한다).

흡광도 측정 방법

① 큐벳에 시료를 넣고 겉 표면을 깨끗하게 닦은 뒤 큐벳 구멍에 넣고 닫는다.
② 화면에 표시된 흡광도 값을 기록한다.
③ 검정 곡선을 작성한다.

결과 처리

0.1 M β-카로틴 표준 용액의 검정 곡선을 작성한다.

실험 16 킬달 분석법을 이용한 암모니아 농도 계산

* 실험목적

수질 오염의 근간이 되는 유기물의 양을 킬달 분석법을 통해 간접 확인한다.
수질 속에 존재하는 세균의 양을 질소의 다양한 형태를 측정함으로써 추정이 가능하다. 유기 물질과 암모니아 질소의 존재는 최근 수질의 유기물성 오염의 화학적 증거로서 받아들여지고 있다. 물과 폐수 안의 암모니아의 농도는 킬달 분석법에 의해 추정 가능하다.

▌실험이론

킬달법이란 1883년 킬달(Kjeldahl)에 의해 고안된 유기 화합물 중 질소의 총량을 측정하는 방법으로 실험에 사용되는 검체의 양에 따라 Marco, Semi-micro, Micro법으로 나눈다. 킬달 질소정량법은 크게 분해, 증류, 적정의 세 단계로 나누어 생각할 수 있는데, 유기물 중에 존재하는 질소를 진한 황산(345 ~ 370℃)으로 처리하여 시료 중에 존재하는 유기물을 분해시켜 암모늄염을 만든다. 분해된 시료를 수산화 소듐 용액을 투입

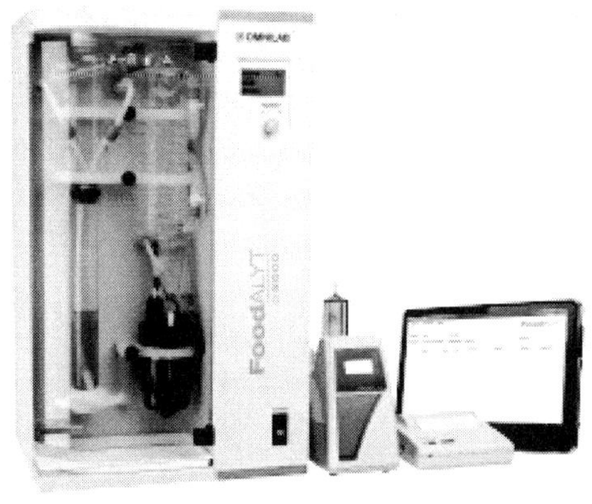

[상업용 자동 킬달 증류 장치]

하여 희석 및 증류시켜서 암모늄염을 NH_3로 유리한다. 유리된 NH_3는 붕산에 흡수되고, 이를 적정하여 질소의 함량을 결정한다.

실험 기구 및 시약

분해 시약-K_2SO_4+H_2SO_4, mercuric sulphate, Phenolphthalein, Sodium hydroxide, sodium thiosulphate, 혼합 지시약, boric acid, 6N NaOH.

실험 방법

분해

① 잘 섞인 샘플을 적당량 취하여 킬달 플라스크에 넣는다.
② 50 mL의 분해 시약을 첨가하고 30분 동안 계속해서 분해시킨다.
③ 식힌 뒤, 플라스크의 용량에 따라 증류수를 이용해 150 mL 또는 300 mL로 희석한다.

증류

① 증류장치에 적당한 위치에 플라스크를 설치하고 열을 가해 준다.
② 0.5 mL 페놀프탈레인 용액을 넣고 PH 8.3 이상이 될 때까지 NaOH-$Na_2S_2O_3$ 시약을 넣어준다.
③ 증기 증류시켜 200 mL의 증발물을 50 mL의 붕산에 모은다.
④ 위 용액을 지시약 색이 연분홍색을 나타낼 때까지 0.02 N 황산으로 적정한다.
⑤ 분석물만 제외한 blank를 넣고 동일한 과정을 반복하여 얻을 값으로 보정한다.

결과 처리

◆ 샘플 시료의 NH_3의 양 계산 방법

샘플 시료의 NH_3(mg/mL) = (A−B) × 280/mL

A: 샘플 적정 시 들어간 0.02 N H_2SO_4의 양
B: blank 적정 시 들어간 0.02 N H_2SO_4의 양

실험 17 화학적 산소 요구량 결정

* 실험목적

화학적 산소 요구량(COD)를 결정한다.

실험이론

하천이나 바다 등에 폐수가 방류되면, 폐수에 포함된 유기 물질에 의하여 수질 오염이 발생된다. 화학적 산소 요구량(COD)는 물의 오염 정도를 나타내는 척도 중 한 가지로, 백만분율 단위인 ppm(1 ppm = 0.0001%) 단위를 가지며, 이는 강한 화학적 산화제를 산화시키는 데 필요한 산소의 전체 양을 의미한다. COD의 측정을 위해서는 다이크로뮴산염법이 선호되는데, 이는 다이크로뮴산염이 탁월한 산화 능력을 지니고 있으며, 다양한 범위의 시료에 적용할 수 있을 뿐만 아니라, 다루기 쉽기 때문이다. 다이크로뮴산염은 물속에 존재하는 대부분의 유기 화합물(이론 수치의 95 ~ 100% 가량)을 산화시킬 수 있다.

실험 기구 및 시약

1 실험기구

부피 플라스크(250, 1000 mL), 가열 교반기, 피펫(10, 25, 50 mL), 뷰렛(50 mL - 0.1 mL accuracy), 마그네틱 바

2 시약

0.25 N 다이크로뮴산 포타슘($K_2Cr_2O_7$), 황산(H_2SO_4)/황산은(Ag_2SO_4) 용액, 황산 수은

($HgSO_4$) 결정, Silver sulphate crystals, Ferrous ammonium sulphate(FAS) [$Fe(NH_4)_2(SO_4)_2$], approximately 0.01 N, Ferroin indicator(1, 10-phenanthroline and ferrous ammonium sulphate)

실험 방법

① 오븐에서 완전 건조된 다이크로뮴산 포타슘 12.259 g을 1 L 부피 플라스크에 넣고, 눈금까지 증류수를 넣어 희석한다.
② 염소 용액(2,000 mg/L) 100 mg에 황산수은($HgSO_2$) 1 g을 사용한다.
③ 1,10-phenanthroline monohydrate 1.485 g, 황산암모늄 수화물 0.695 g을 증류수에 용해하고, 100 mL로 희석한다.
④ 증류수에 39 g FAS 육수화물을 녹인다. 황산 20 mL를 첨가하고, 식힌 뒤, 증류수를 사용해 희석하여 부피 플라스크 1리터를 정확하게 맞춘다.
⑤ 표준화한 FAS는 아래의 표준에 따른다.
⑥ 표준 다이크로뮴산 포타슘 용액 10 mL를 증류수를 이용하여 100 mL로 희석시킨다. 천천히 황산 30 mL를 넣고, 상온에서 식힌다. Ferroin indicator 2 ~ 3방울을 (0.10 ~ 0.15 mL) 넣고, FAS를 FAS 적정제로 적정한다.
⑦ 삼각 플라스크에 10 mL의 샘플을 넣는다. 바탕 시료는 증류수 10 mL를 이용한다.
⑧ 1 g의 황화 수은, 0.25 N 다이크로뮴산 포타슘 10 mL를 샘플과 바탕 시료에 넣어준다.
⑨ 샘플과 바탕 시료에 20 mL의 농황산을 첨가한다. 황화 수은의 작용은 염화물과 결합하거나, 화합물을 생성시킨다. 염소의 농도가 낮으면 1 g은 사용되지 않아도 된다.
⑩ 항상 산을 넣을 때는 과열을 피하기 위해 천천히 흘려 플라스크의 벽면을 따라 섞는다.
⑪ 황산은 결정을 넣으면, 짧은 길이의 방향족 화합물 존재 시 화합물이 생긴다.
⑫ 용액을 섞은 뒤, 가열 교반기를 사용해 150℃에서 2시간 동안 반응시켜 유기 물질의 산화가 쉽게 일어나도록 한다.
⑬ 바탕 시료 또한 샘플과 같은 과정을 수행한다.
⑭ 2시간 가열 후, 플라스크를 상온에서 식히고, Ferroin indicator 4 ~ 5방울을 넣는다.
⑮ 첫 적갈색의 종말점이 나올 때까지 0.1 N FAS를 적정한다.
※ 주의: 종말점이 예민하고 급격하게 다다르기 때문에 신중하게 적정해야 한다.

결과 처리

COD(mg/L) = (a−b)(N) × 8,000 / sample size (mL) (6.12)

a = 바탕 시료에 사용된 mL Fe(NH)(SO)

b = 샘플에 사용된 mL $Fe(NH_4)_2(SO_4)_2$

N = FAS 적정 시약 ($Fe(NH_4)_2(SO_4)_2$)의 노말 농도

mL sample = 희석 전에 사용된 샘플의 실제 부피

오차의 원인

1. 가장 큰 실수는 비균질한 표본을 사용하는 것이다. 부분 표본으로부터 고체가 나오지 않도록 표본을 혼합하고 섞도록 한다.
2. 항상 가장 큰 부분의 표본을 사용하고, 가장 큰 유리제품을 사용하여 실험에 용이하도록 한다.
3. 부피 플라스크, 큰 구멍을 가진 부피 피펫을 사용한다.
4. $K_2Cr_2O_7$ 산화제는 정확하게 측정되어야 한다. 가능한 한 개의 동일한 부피 피펫을 사용하도록 한다.
5. 적정할 때, 뷰렛의 기포를 없애고 깨끗하도록 한다.
6. 항상 눈금 실린더는 메니스커스에 눈높이를 맞추고 아래 부분을 읽는다.

실험 18 지하수 속의 플루오린 이온 분석

*** 실험목적**

물속에 들어 있는 플루오린의 양을 분석해 본다.

실험이론

지하수는 박테리아 번식에 관한 관점에서 보았을 때, 상대적으로 소비하기 안전한 음용수 자원이지만, 플루오린, 비소, 철, 질산염 등과 같은 다양한 화학적 그리고 미네랄(광물, 광석, 무기물)들에 의한 심각한 오염의 가능성을 안고 있다. 특히 플루오린화물을 함유하고 있는 미네랄들이나 화산암이 주위에 있다면 지하수를 오염시킬 확률이 높다. 약 1 ppm 이상의 플루오린을 장기간 흡수하면 치아가 변색(반점 치아)되거나 뼈가 약해지게(골격 플루오린증) 되는 등의 질병에 걸릴 수 있다. 해결할 수 있는 유일한 방법은 플루오린 섭취를 예방하는 것이다. 지하수의 근원이 안전한지 식별하는 것이 가장 우선이다. 이를 위해 빠르고 쉽게 이용 가능한 Layman's kit를 사용한다.

플루오린의 측정 방법은 지르코늄-자일레놀 오렌지 복합체의 표백법을 기초로 한다. 지르코늄은 자일레놀 오렌지와 여러 가지 혼합물 형태를 가진다. 세 개의 다른 플루오린의 수준(결핍, 보통, 독성)에서 명확한 발색이 일어나는 것으로 산도와 염료의 농도를 최적화하였다. 약산성에서 Zirconium 이온은 중합이 일어나며, 이런 현상이 발색에 영향을 준다. 특수한 처리를 통해 Zirconium 이온이 중합 분해를 일으키면 즉각적으로 발색을 증대시킬 수 있다. 준비된 시료 용액으로 안정성을 이미 시험되었다. 염료의 순도 또한 색의 대비와 안정성에 중요한 요인이다. 이러한 단순화된 절차는 일반인이 범용 시험에 쉽게 적용할 수 있도록 한다.

실험 방법

플루오린 표준 용액

1000 mL의 증류수에 용해된 플루오르화 소듐 0.0221 gms으로 표준 플루오린 10 mg/L 농축 용액을 준비한다. 10 mg/L 농축 용액으로부터 희석하여 0.5 mg/L, 1 mg/L, 2 mg/L의 표준 용액을 준비한다.

표준 색도액 준비

0.5, 1.0, 2.0 mg/L의 플루오린 표준 용액을 4 mL를 3개의 플라스틱 시험관에 넣고, 시약 1 mL를 각각 추가한다. 0.5 mg/L 플루오린 표본 용액은 분홍색, 1.0 mg/L은 갈색을 띠는 분홍색, 그리고 2 mg/L은 노란색을 띤다. 색상은 6개월 이상 안정적이다.

물 샘플을 위한 테스트절차

① 1단계: (정성 측정 또는 선별 시험) 플라스틱 시험관에 등급이 나뉜 물 샘플 4 mL를 넣고, 1 mL의 테스트 시료를 추가한다. 그리고 결과 용액의 색상과 표본 색상 용액을 비교한다. 만약 분홍색이라면 플루오린 용액의 농도는 부족이고(1 mg/L 이하), 갈색을 띠는 분홍색일 경우 플루오린 농도는 보통이다(대략 1 mg/L). 그리고 노란색일 경우에는 독성을 나타낸다(2 mg/L 또는 그 이상).

② 2단계: (준정량적 측정) 만약 1단계에서 용액의 색상이 노란색일 경우(플루오린 〉2.0 mg/L), 정확한 플루오린의 양을 알기 위해 다른 PP 시험관에 노란색 용액을 1 mL 옮기고 희석 시약으로 1 mg/L 표준 용액의 색상으로 변할 때까지(예: 갈색을 띠는 분홍색) 천천히 희석시킨다. 희석된 노란색 용액의 색이 1 mg/L 표준 용액의 색으로 변했을 때 부피의 지점이 실제 물 샘플 속 플루오린의 mg/L 농도에 해당한다.

③ 희석 시약: 희석 시약은 탈이온수(플루오린이 없는) 또는 증류수를 섞어 희석하고, 테스트 시약을 4:1 비율로 필요한 양만큼 준비한다.

결과 처리

① 분홍색, 자색: 플루오린 함량 〈 1 ppm
② 갈색을 띠는 분홍색: 플루오린 함량 ~ 1 ppm
③ 노란색: 플루오린 함량 〉 2 ppm

실험 19 수용액 내에서의 약물의 산/염기 분율 분석

* 실험목적

수용액/유기용액 사이에서의 분배 계수를 이용해 알레르기 치료제 베나드릴(Benadryl)의 활성 성분의 인체 내에서 산/염기 분포 형태를 파악하고, 이를 통해 약물 전달 메커니즘을 짐작한다.

실험이론

이 실험은 일반적으로 분포에 대한 연구를 통해서 동적 평형에 대한 항히스타민 약물(디펜히드라민)에 사용되는 간단한 2단계 시스템을 직접 경험하게 하기 위해서 고안되었다. 디펜히드라민은 염기성 의약물로 보통 염산염(짝산)으로써 허가된 의약물이다.

이것은 "Benadryl(항히스타민제의 일종: 상표명)"의 활성성분이며, 다양한 소화기관에 영향을 미치는데, pH에 따라서 유리염기(free base) B 또는 양성자화된 형태인 BH^+로 존재한다.

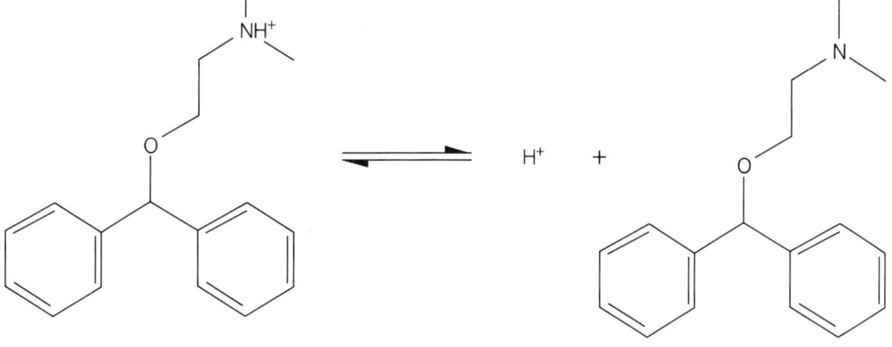

$BH^+ \rightleftharpoons H^+ + B$

BH+ B

이 두 가지 형태 중 유리 염기 형태인 B만이 무극성 지질막을 통해 어느 한 지점에서

약이 이동하여 적절한 수용체에 포함되어, 몸으로 약물이 전달되는 메커니즘을 갖는다. 양성자화된 형태(BH^+)는 전하를 띠어, 무극성 지질막에 용해되지 않는다. 그러므로 오직 유리 염기(B)만 용해될 수 있고, 지질층을 가로질러 수송될 수 있다.

이 실험은 인체 내에서의 약물 분포를 매우 단순화된 모델로 알아볼 수 있도록 한다. 소량의 염산디펜히드라민 (BH^+)를 물에 녹이고, 더 적은 양의 NaOH를 소량 첨가하여 BH^+를 B로 변환시킨다. 매우 작은 부피의 유기 용매는 수용액상의 맨 위에 지질층으로 위치할 것이다. 일부의 유리 염기(B)는 유기 용매로 분리되고, 따라서 수용액과 유기 용매에 녹아 있는 유리 염기의 농도는 서로 다르다. 관련된 평형과 그림은 위와 같다.

기본적으로 약물(디펜히드라민)은 $BH^+(aq)$, B(aq), B(org)의 3가지 형태로 존재할 수 있다. 또한 $H^+(aq)$, $OH^-(aq)$, $Na^+(aq)$, $Cl^-(aq)$와 같은 다른 이온도 존재한다. 이 실험에서 해야 할 일은 관계된 평형과 전하 평형 방정식, 질량 균형(mass balance)을

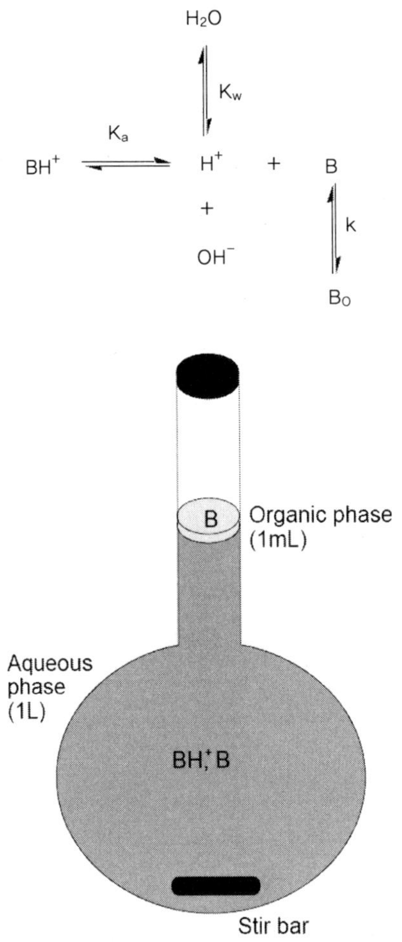

고려함으로써 계의 모든 이온과 분자들 간의 농도 기울기를 결정하는 것이다. 이를 위해 두 가지 측정 실험을 수행한다. (1) 기체 크로마토그래피(GC)를 이용해 유기 용매에 녹아 있는 B의 농도[B(org)]를 측정하고, (2) 수용액의 pH를 측정한다.

실험 방법

◆ 준비 실험

유기 용매에 녹아 있는 B의 농도에 따른 검정 곡선 얻기.

본 준비 실험을 통해 B 농도에 따른 GC에서의 신호 검정 곡선을 구하고, 그 다음 나)의 본 실험을 통해 수용액으로부터 분배된 약물의 유리 염기 B의 미지 농도를 구한다.

[B(org)]의 농도에 따른 신호 검정 곡선을 얻기 위해 기체 크로마토그래피(GC)를 이용한다. GC는 알고 있는 [B(org)]의 표준 물질을 농도별로 주입하고, 이때의 검출 신호를 측정함으로써 분석물 B에 대한 검출 곡선을 얻는 데에 그 목적을 둔다. 모든 용액을 옮기고 이동하는 과정에서는 반드시 각각의 개별 표시된 파스퇴르 피펫(pasteur pipet)을 사용한다(반드시 시료 간 교차 오염시키지 않도록 유의한다).

① n–옥테인에 10 mL의 ~20 mM n–헥사데케인을 준비한다. n–헥사데케인은 GC 측정을 위한 내부표준물의 역할을 할 것이다. 4 ~ 5방울의 n–헥사데케인을 사용한다. n–헥사데케인의 무게를 재거나, 농도를 측정할 필요는 없다.

② 5 mL의 부피 플라스크를 이용, 내부표준 용액을 사용해서 디펜히드라민(B, 255.36 g/mol) ~50 mM 용액을 준비한다. "B"는 5방울이면 충분하다. 사용된 B의 질량으로부터 정확한 농도를 계산한다. 디펜히드라민 유리 염기는 피부에 접촉하지 않도록 주의하고, 접촉했을 경우 즉시 손을 씻는다.

③ 2개의 1 mL 부피 플라스크와 100 μL 마이크로피펫을 사용해서, 디펜히드라민 약 25 mM과 약 12.5 mM 희석용액을 준비한다. 희석액으로 반드시 내부 표준 용액을 사용하고 정확한 농도를 측정한다.

④ GC에 카보왁스와 같은 극성 컬럼이 설치된 것을 확인하고, 다음과 같은 조건들이 설정되어 있는지 확인한다.

오븐 온도: 220℃
주입기 온도: 240℃
검출기 온도: 240℃

⑤ 각 표준을 1 μL 씩 주입한다. 각 표준을 주입하기 전 주사기를 깨끗이 세척한다. 내부 표준(헥사데케인)은 용매(옥테인)가 검출된 직후에 나타난다. 디펜히드라민은 대략 6분 이후에 나타난다.

⑥ 디펜히드라민의 피크 면적의 비율을 내부 표준(y-축) 대 디펜히드라민의 농도(x-축)로 그래프를 작성한다. 동일한 내부 표준 용액을 이후에도 계속 사용한다.

◆ 분배 실험을 통해 유기 용매에 분리된 미지의 [B(org)] 측정하기

① 깨끗하게 씻은 1 L의 부피 플라스크에 약 2×10^{-4} M diphenhydramine hydrochloride(BH^+Cl^-, 291.82 g/mol)의 수용액을 준비한다(2×10^{-4} M은 아니더라도 농도는 정확하게 알아야 한다).

② 적당량의 BH^+Cl^-를 깨끗한 작은 비커에 넣고 질량을 측정한다. 탈이온수나 증류수를 이용하여 1 L 부피 플라스크에 전부 옮긴다. 1×10^{-4} mole의 수산화 소듐을 첨가한다(넣은 수산화 소듐의 양을 정확하게 알아야 한다). 수산화소듐은 BH^+를 유리 염기인 B로 만들어준다.

③ 위 ②의 용액을 증류수로 희석하여 1 L로 만든다. 마그네틱 바를 플라스크 바닥에 두고 1분 이상 빠르게 교반하여 (소용돌이 발생) 잘 섞이도록 하고 열적 평형에 이르도록 한다.

④ 교반기를 끄고 플라스크를 열어 마이크로피펫으로 1 mL의 유기층을 조심스럽게 첨가한다(옥테인에 헥사데케인을 섞은 내부 표준 용액).

⑤ 플라스크를 닫고, 15분 동안 강하게 교반해 준다. 수용액상에 유기층이 잘 섞이도록 소용돌이를 만들어야 한다. 15분 후에 교반기를 끄고 유기층이 플라스크 입구에 모이도록 둔다.

⑥ GC의 보정 곡선과의 비교를 통해 [B(org)] 농도를 결정하기 위해 위 ⑤에서 플라스크 입구 유기상의 1 μL 부분을 취한 후, GC 시료 주입구에 주입하고, 이를 통해 얻어진 기체 크로마토그램의 디펜히드라민의 피크 면적의 지점의 비율을 측정한다.

⑦ 앞의 준비 실험에서 얻은 보정 곡선을 이용해 시료의 유기 용매에 녹아 있는 디펜히드라민의 농도, $[B(org)]_{시료}$의 농도를 계산한다.

⑧ 조교의 지시를 따라, pH 전극을 표준 완충 용액으로 보정하고 수용액 부분의 pH를

측정한다.

⑨ 사용된 유기 용액을 제공된 폐기물 용기에 버린다. 물이 아니라 헥세인으로 GC 주사기와 작은 유리기구들을 청소한다. 1 L 부피 플라스크의 용액은 따라 버리고, 플라스크는 alconox 용액으로 청소한다. 큰 마그네틱 바를 회수하도록 한다.

결과 처리

평형다이어그램을 사용하고 지도에 따라 다음의 질문들에 대한 계 안의 모든 화학종 농도들을 결정하고 모든 평형 상수 값을 결정한다.

a) 3가지 평형 상수 표현은 무엇인가?
b) 이 계의 무게 균형식은 무엇인가? (농도 대신 2개의 상에 포함된 몰을 사용하라.)
c) 이 계의 전하 균형식은 무엇인가?
이 부분에서 조교에게 확인 받도록 한다.
d) 어떤 수치, 농도 그리고/또는 평형 상수가 알려지는가?
e) 어떤 농도가 측정되었는가?
f) 농도와 평형 상수가 알려지지 않은 것은 무엇인가?

만일 모르는 것을 행한 것만큼 많은 식들을 갖는다면, 모르는 변수들에 국한하여 문제를 해결한다. 모든 미지의 값을 풀어냈을 때, 자료를 표로 만들어라. 또한 diphenhydramine hydrochloride의 pKa 값을 구하라. 결과가 맞아떨어지는가? 예를 들어 약 속에 얼마나 많은 몰수의 $BH^+(aq)$, B(aq), B(o)가 있는가? 계의 전체 약의 몰수를 더해 보았는가? 중성 용액이 되는지 주어진 농도를 이중 점검하라. 모든 평형 상수를 만족하는지 이중 점검하라.

주의사항

그룹원 중 한 명은 반드시 연구노트북에 표기되고, 삽입되고, 다듬어진 GC 크로마토그램을 가지고 있도록 한다.

1	
2	
3	
4	
5	

평형 농도와 평형 상수를 다음 테이블에 완성하라.

$[Na^+]$, M (known)	
[Cl–], M (known)	
Kw (known)	
$[H^+]$, M (measured)	
[Bo], M (measured)	
$[BH^+]$, M (calculated)	
[B], M (calculated)	
$[OH^-]$, M (calculated)	
K_a (calculated)	
pK_a	
K (calculated)	

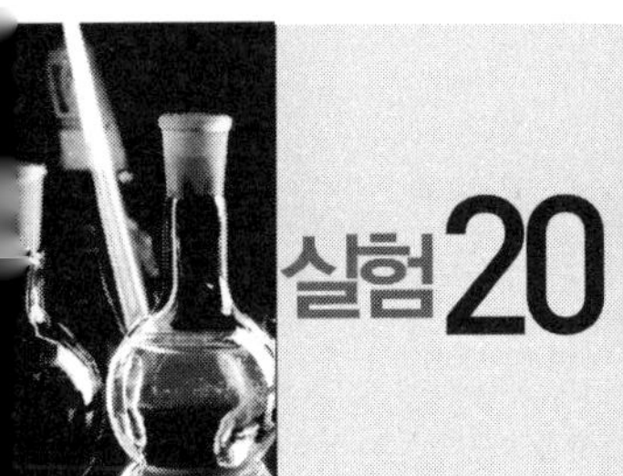

실험20 탁도법을 이용한 음용수 속의 황산 음이온 분석

* 실험목적

음용수 혹은 빗물에 존재하는 황산 음이온의 농도를 탁도법을 통해 정량 분석한다.

실험이론

비록 일반적으로 건강 위험요소로 고려되지는 않지만, 음용수 내 높은 수준의 황산염은 특히 황산염에 적응되지 않은 유아와 사람들에게 설사를 유발한다(황산 마그네슘은 흔히 설사약으로 이용된다). 특히 특정 지역의 약수 혹은 음용수는 많은 양의 황산염이 녹아 있는데, 이것은 이러한 지역들의 여행객들에게는 문제가 될 수 있다.

실험 원리는 다음과 같다. 황산염은 산성 용매에서 염화 바륨과 함께 작은 황산 바륨 결정을 만들며 침전된다. 이 결정은 빛을 산란시키고, 그 산란되는 정도는 황산염의 농도로 정량될 수 있다. 산란된 빛을 측정하는 기구는 비탁계(nephelometer) 또는 탁도계(turbidimeter)라고 불린다. 샘플 튜브에 백색광을 조사시키고, 분산된 빛을 모아 90°에서 측정된다. 이것은 투사광의 단일 파장을 측정하는 일반적인 분광 광도계와 매우 다르다. 여기서 산란된 빛의 세기는 황산염의 농도에 직접적으로 비례한다(그리고 광원의 세기에도 비례). P_S는 산란된 빛의 세기, P_0는 광원의 세기, k는 비례 상수, c는 황산염의 농도일 때, $P_S = P_0 \cdot k \cdot c$에 따라 정비례한다. 높은 농도에서 관계식의 선형성은 줄어들기 시작한다 매우 높은 농도의 샘플은 불투명해지고, 빛이 산란될 수 없다.

혼재된 물질도 빛을 산란시킬 수 있기 때문에, $BaCl_2$가 첨가되지 않은 시료에서 바탕실험을 수행하는 것이 중요하다. 여기에 적용된 낮은 pH에서 다른 음이온들은 Ba^{2+}와 침전물을 형성하지 않기 때문에 이 방법은 황산염에 대해 매우 선택적이다. 이 방법의 검출 한계는 약 1 mg SO_4^{2-}/L이다.

실험 방법

① 완충 용액: (아주 작은 $BaSO_4$ 입자들의 현탁액을 위해 pH를 조절하고 알맞은 환경을 제공하는 역할.) 약 100 mL의 물에 7.5 g $MgCl_2.6H_2O$, 1.3 g sodium acetate, 0.25 g potassium nitrate, 5 mL glacial acetic acid를 녹이고 최종 부피를 250 mL으로 맞춘다.

② 진한 황산염 용액: Na_2SO_4 무수물을 사용하여 정확히 100 mg/L SO_4^{2-} ion 용액 1 L를 준비.

③ 보정 표준물: 10 mg/L 의 간격으로 0 ~ 40 mg/L 범위의 표준 용액 100 mL를 준비.

④ (미지의)통제 용액: 조교가 제공하도록 한다(500 mL 플라스크 교환). 표시선까지 희석시키고 잘 섞는다.

⑤ 150 mL 비커에 표준물 또는 샘플을 50 mL 피펫으로 옮긴다. 10 mL 완충 용액을 피펫으로 옮기고 표준물/샘플에 교반기를 이용하여 섞는다. 교반하는 동안, 과량의(약수저 작은 부분만큼 - 알맞은 양을 확인하기 위해 조교에게 문의한다) $BaCl_2$를 넣고, 시간 측정을 시작한다. 일정한 속도로 60(±2)s 정도 교반한다. 용액이 비커에서 튈 수 있으니 너무 빨리 교반하지 않는다.

⑥ 깨끗하고 건조한 광학 용기에 용액의 일부를 부은 뒤, 2(±0.5)분 후에 탁도를 측정한다. 모든 측정은 탁도계에 200의 범위를 설정하여 사용한다. 모든 표준물들과 통제시약(미지의 샘플)에 대해서 반복 수행한다. $BaCl_2$가 첨가되지 않은 완충 용액 + 통제 용액의 탁도를 측정하여, 통제 용액 속의 현탁물질에 의한 보정을 확실히 하도록 한다. 또한 미지 샘플의 분석을 반복 수행하여 통계적 데이터를 얻도록 한다.

주의사항

① 실험을 끝낼 때 Ba을 포함한 용액들은 조교 지시에 따라 폐기한다.

② 염화 바륨은 독성이 있으므로 접촉을 피하고, 접촉했을 때에는 깨끗하게 손을 씻는다. 삼키면 치명적일 수 있다. 흡입 시 해롭고, 피부, 눈, 기도에 염증을 유발할 수도 있다. 또한 심장, 호흡기 계통, 중추신경계에 악영향을 미칠 수 있다.

결과 처리

탁도(y) 대 황산염의 농도(ppm)(x)에 대한 검정 곡선을 작성한다. 검정선(수식)에 통제 용액의 각각의 측정된 탁도에 대한 농도를 통제 용액의 농도를 표기하고, 평균 ppm 값과 신뢰구간을 구한다.

$$SO_4^{2-} = \_\_\_\_\_\_\_\_\_\_ \pm \_\_\_\_\_\_\_\_\_\_ \text{ ppm}$$

| 저자 소개 |

신익수
서울대학교 화학교육과, 이학사
서울대학교 화학과, 이학석사
서울대학교 화학과, 이학박사
University of Texas at Austin, PostDoc
서울대학교 화학과, BK조교수
현) 숭실대학교 화학과 교수

강위경
서울대학교 화학교육과, 이학사
한국과학기술원(KAIST) 화학과, 이학석사
한국과학기술원(KAIST) 화학과, 이학박사
한국과학기술원(KAIST), PostDoc
현) 숭실대학교 화학과 교수

장석규
서울대학교 공업화학과, 이학사
한국과학기술원(KAIST) 화학과, 이학석사
한국과학기술원(KAIST) 화학과, 이학박사
Princeton University, 방문교수
현) 중앙대학교 화학과 교수

안상두
서울대학교 화학과, 이학사
서울대학교 화학과, 이학석사
서울대학교 화학과, 이학박사
Princeton University, PostDoc
LG화학기술연구원 분석팀장
현) 중앙대학교 화학과 교수

분석화학실험

| 저 자 신익수 · 강위경 · 장석규 · 안상두
| 발 행 인 김지영
| 발 행 처 자유아카데미
| 주 소 경기도 파주시 회동길 37-42
파주출판도시
| 전 화 031-955-1321
| 팩 스 031-955-1322
| 홈페이지 www.freeaca.com
| 전자우편 main@freeaca.com(대표)
editor@freeaca.com(편집)
crm@freeaca.com(영업)
| 등 록 제406-2003-017호, 1980. 7. 12
| 제1판1쇄 2016년 8월 20일 발행
| 제1판2쇄 2022년 1월 5일 발행
| 정 가 13,000원

저자와의
협의하에
인지생략

ISBN 979-11-5808-097-6 93430